钻井作业 HSE 风险管理

中国石油天然气集团公司 HSE 指导委员会　编

石油工业出版社

图书在版编目（CIP）数据

钻井作业 HSE 风险管理/中国石油天然气集团公司 HSE 指导委员会编 .—北京：石油工业出版社，2001.12
ISBN 978-7-5021-3600-0

Ⅰ. 钻…

Ⅱ. 中…

Ⅲ. 油气钻井-石油工业-工业企业管理

Ⅳ. F407.226

中国版本图书馆 CIP 数据核字（2001）第 082682 号

石油工业出版社出版
(100011 北京安定门外安华里二区一号楼)
北京中石油彩色印刷有限责任公司印刷
新华书店北京发行所发行
*
787×1092 毫米 16 开本 10.5 印张 268 千字
2001 年 12 月北京第 1 版 2015 年 8 月北京第 7 次印刷
定价：20.00 元

编委会名单

主　任：阎三忠
副主任：王海森　董国永
成　员：周抚生　朱敬成　杨庆理　阎万朝　刘业厚　吴苏江
　　　　　周爱国　时　秦　郭喜林　孟繁友　周成栋

主　编：董国永
副主编：吴苏江　周爱国
编写人（按姓氏笔划为序）：

于海宁　王玉琦　毛国成　史　方　龙正军　孙法佩
吕　强　刘景凯　刘　莎　朱明东　那宇贤　纪烈兵
齐俊良　肖义昭　吴苏江　吴祉宪　李识宇　时　秦
张秀义　何北峰　季采龙　孟繁友　周爱国　周成栋
赵东风　郭　臣　郭喜林　袁遂周　梁子健　董国永
斐玉起　韩文成　韩新芳　蒋绿强　魏荣彬　戴春权

序

随着社会的进步,健康、安全与环境(HSE)管理工作正受到社会公众越来越广泛的关注和重视。维护员工健康、安全,保持生态环境,不仅是企业应承担的责任和义务,也是参与市场竞争的评估标准和必要条件。20世纪90年代,西方一些大石油公司从行为学分析和危害管理的理论入手,把"以人为本、线性管理、风险控制、持续发展"的HSE指导思想融入企业的管理运行之中,联手开发出一套科学、完整、规范的HSE管理体系,并逐步被各国石油公司所接受,现已公认为国际石油界健康、安全与环境管理共同遵守的规则,参与市场竞争的准入证。

"他山之石,孕己之玉"。中国石油天然气集团公司(CNPC)从1997年推行HSE管理体系以来,通过与现有的行之有效的规章制度进行整合,扬其优势、摈弃弊端,在结合中实践、在发展中创新,初步形成了具有CNPC特色的HSE管理体系,取得了许多宝贵经验和良好绩效。这套由HSE技术专家和现场HSE管理人员共同编写的培训教材,既是对过去实施HSE管理体系经验的总结和提升,同时也是规范建立、实施HSE管理体系的理论工具和指南。

我国加入WTO以后,面临的是更为激烈的市场竞争。我们必须立足国情,面向世界,按照时代要求去做,按照国际石油公司管理的惯例去做。可持续发展战略要求我们,现代企业的经济效益、社会效益和环境效益应该是高度统一的。关注社会、关心职工,在创造最大经济回报的同时,要树立良好的企业形象。"创造能源和环境的和谐"是我们对社会和公众的承诺,而大力推行HSE管理体系正是实现这一理念的必然选择。

HSE春风如剪,裁出了中国石油健康、安全与环境管理的一片新绿。然而,管理的变革、制度的创新不是一件容易的事情。HSE的路还很长,还需要它走好、走远。石油工业新世纪的宏伟蓝图,激励着我们解放思想,与时俱进,积极进取,努力构筑具有CNPC特色的HSE企业文化。因此,各级管理者、技术干部、广大职工都要进一步树立 HSE 理念，要充分利用这套 HSE 管理体系培训教材，宣传普及 HSE 知识，积极借鉴和吸收国外先进的管理方法，推进中国石油天然气集团公司"HSE 管理体系工程、HSE 管理人才工程和 HSE 技术创新工程"，通过开展"HSE 精品创优"活动，以新的姿态迎接新世纪的机遇和挑战。

中国石油天然气集团公司副总经理

目 录

第一章 概述 ……………………………………………………………………… (1)
  第一节 绪论 ………………………………………………………………… (1)
  第二节 风险管理的基本概念 ……………………………………………… (2)
第二章 钻井生产工艺 ……………………………………………………………… (4)
  第一节 钻井设计 …………………………………………………………… (4)
    一、设计依据 …………………………………………………………… (4)
    二、地质部分 …………………………………………………………… (4)
    三、工程部分 …………………………………………………………… (4)
  第二节 钻前工程 …………………………………………………………… (6)
    一、井场的选择与布置 ………………………………………………… (6)
    二、设备安装 …………………………………………………………… (6)
    三、开钻前的准备工作 ………………………………………………… (7)
  第三节 钻进技术 …………………………………………………………… (7)
    一、钻进 ………………………………………………………………… (7)
    二、钻头 ………………………………………………………………… (7)
    三、钻柱 ………………………………………………………………… (9)
    四、钻进参数 …………………………………………………………… (10)
    五、井斜 ………………………………………………………………… (10)
  第四节 钻井液 ……………………………………………………………… (12)
  第五节 固井 ………………………………………………………………… (12)
    一、各层套管的作用 …………………………………………………… (12)
    二、套管 ………………………………………………………………… (13)
    三、注水泥 ……………………………………………………………… (13)
    四、对固井质量的要求 ………………………………………………… (14)
  第六节 井控 ………………………………………………………………… (14)
    一、井喷的危害 ………………………………………………………… (14)
    二、溢流发生的原因 …………………………………………………… (15)
    三、溢流的发现和关井 ………………………………………………… (15)
    四、井控设备 …………………………………………………………… (15)
    五、压井 ………………………………………………………………… (17)
  第七节 完井 ………………………………………………………………… (17)
    一、钻开油气层 ………………………………………………………… (17)
    二、完井方法 …………………………………………………………… (18)
  第八节 钻井事故 …………………………………………………………… (18)

  一、卡钻 …………………………………………………………………… (19)
  二、井漏 …………………………………………………………………… (19)
  三、钻具折断与井下落物 ………………………………………………… (20)
第三章　钻井作业 HSE 风险识别和评估 …………………………………… (21)
 第一节　钻井作业 HSE 危害和影响的确定 ………………………………… (21)
  一、钻井作业 HSE 风险识别的特征 …………………………………… (21)
  二、钻井作业 HSE 风险因素的识别方法 ……………………………… (22)
  三、钻井及相关作业的主要风险 ………………………………………… (23)
  四、钻井作业中的危害和影响 …………………………………………… (25)
 第二节　钻井作业 HSE 风险评估 …………………………………………… (28)
  一、确定判别准则 ………………………………………………………… (28)
  二、钻井作业 HSE 风险评价分析过程 ………………………………… (30)
  三、风险评价方法 ………………………………………………………… (31)
  四、评价钻井作业 HSE 的危害和影响 ………………………………… (31)
 第三节　钻井作业 HSE 风险分类及控制目标 ……………………………… (33)
  一、钻井作业 HSE 风险分类 …………………………………………… (33)
  二、钻井作业 HSE 风险控制目标 ……………………………………… (33)
第四章　钻井作业 HSE 风险削减措施 …………………………………… (38)
 第一节　管理措施 ……………………………………………………………… (38)
  一、管理措施的内容 ……………………………………………………… (38)
  二、钻井安全生产指南 …………………………………………………… (39)
  三、钻井 HSE 管理监测 ………………………………………………… (59)
 第二节　硬件措施 ……………………………………………………………… (62)
  一、钻机搬家安装要求 …………………………………………………… (62)
  二、灭火器材配置 ………………………………………………………… (69)
  三、劳动保护措施 ………………………………………………………… (69)
 第三节　系统措施 ……………………………………………………………… (70)
  一、钻井中一般故障的防范与处理措施 ………………………………… (70)
  二、钻井工程事故预防措施 ……………………………………………… (72)
  三、钻井作业现场防火和营地火灾预防措施 …………………………… (76)
  四、钻井作业现场环境保护措施 ………………………………………… (76)
  五、预防硫化氢中毒措施 ………………………………………………… (78)
  六、恶劣天气危害的预防措施 …………………………………………… (78)
第五章　钻井作业 HSE 应急反应计划 …………………………………… (80)
 第一节　钻井作业 HSE 应急分类 …………………………………………… (80)
 第二节　钻井作业 HSE 应急计划内容 ……………………………………… (80)
 第三节　钻井作业 HSE 应急反应体系 ……………………………………… (81)
  一、钻井作业 HSE 应急反应组织体系及职责 ………………………… (81)
  二、应急反应管理 ………………………………………………………… (82)

  三、应急器材 ……………………………………………………………… (84)
 第四节 钻井作业过程中紧急情况下的应急程序 ………………………… (84)
  一、火灾及爆炸应急程序 ………………………………………………… (84)
  二、硫化氢防护应急程序 ………………………………………………… (84)
  三、井涌、井喷应急程序 ………………………………………………… (86)
  四、油料、燃料及其他有毒物质泄漏应急程序 ………………………… (88)
  五、放射性物质落井的处理应急程序 …………………………………… (88)
  六、恶劣天气应急程序 …………………………………………………… (90)
  七、现场医疗急救程序及处理措施 ……………………………………… (90)
 第五节 变更管理 ……………………………………………………………… (92)
  一、技术变更 ……………………………………………………………… (93)
  二、设备变更 ……………………………………………………………… (93)
  三、人员变更 ……………………………………………………………… (93)
  四、法律、法规变更 ……………………………………………………… (94)
  五、变更程序 ……………………………………………………………… (94)

第六章 钻井作业 HSE 两书一表的编制 ……………………………………… (95)
 第一节 钻井作业 HSE 指导书的编制原则和要求 …………………………… (95)
  一、钻井作业 HSE 指导书的编制原则 ………………………………… (95)
  二、钻井作业 HSE 指导书编制的基本要求 …………………………… (96)
  三、钻井作业 HSE 指导书的结构 ……………………………………… (96)
 第二节 钻井作业 HSE 指导书正文的编写 …………………………………… (99)
  一、HSE 管理体系 ………………………………………………………… (99)
  二、组织结构 ……………………………………………………………… (101)
  三、岗位 HSE 职责 ……………………………………………………… (103)
  四、风险及控制 …………………………………………………………… (105)
  五、记录与考核 …………………………………………………………… (106)
 第三节 钻井作业 HSE 计划书的编制原则和要求 …………………………… (109)
  一、钻井作业 HSE 计划书的编制原则 ………………………………… (109)
  二、钻井作业 HSE 计划书编制的基本要求 …………………………… (109)
  三、钻井作业 HSE 计划书的结构 ……………………………………… (109)
 第四节 钻井作业 HSE 计划书正文的编写 …………………………………… (112)
  一、项目概述 ……………………………………………………………… (112)
  二、政策和目标 …………………………………………………………… (116)
  三、钻井队(平台)、人员 HSE 管理组织与职责 ……………………… (116)
  四、主要钻井设备、HSE 设施及用品 ………………………………… (123)
  五、危害识别与控制 ……………………………………………………… (125)
  六、钻井作业 HSE 应急反应计划 ……………………………………… (131)
  七、钻井作业 HSE 管理制度和文件控制 ……………………………… (136)
  八、信息交流 ……………………………………………………………… (137)

九、监测和整改 …………………………………………………………… (138)
　　十、审核和总结回顾 ………………………………………………………… (139)
　第五节　钻井作业 HSE 检查表的编制 ……………………………………… (142)
　　一、钻井作业 HSE 检查表的编制原则和要求 …………………………… (143)
　　二、钻井作业 HSE 检查表的内容 ………………………………………… (143)
　　三、钻井作业 HSE 检查表及检查内容 …………………………………… (143)
　　四、附件的编制 ……………………………………………………………… (146)
参考文献 …………………………………………………………………………… (157)

第一章 概 述

第一节 绪 论

在石油天然气工业中，钻井占据了重要的位置。勘探、开发石油和天然气等埋藏在地下的资源，钻井成了必需采用的手段，也只有通过钻井方式才能实现发现和获得地下石油、天然气宝贵资源的目的。

石油天然气钻井作业是高投入、高风险和高技术水平的特殊作业，存在各种各样的风险。钻井作业包括整个一口井的钻井活动，即在陆地上修建井场或海上建造钻井平台、安装钻机设备、钻进施工、下套管固井、测井、试油完井等一系列作业。由于钻井工艺和钻井场所的特殊性，在钻井作业的不同阶段和不同的环节中，均存在对人员身体健康、人员与设施安全和生态环境等不同程度和不同形式的影响和危害，即存在不同程度、形式各异的风险。

"一五"到"八五"期间，全国共钻各类油气井 160398 口（进尺 27788 万 m）。据不完全统计，累计发生井喷失控的井 271 口，占完成井的 0.16%，其中井喷失控后又着火的井 81 口，占井喷失控井的 30%。因井喷失控着火烧毁钻机和井喷后井口周围地层塌陷埋掉钻机的共 61 口。仅根据 1978 年至 1995 年这 18 年间发生的 173 口井喷失控井的不完全统计，因井喷失控导致死亡 5 人、伤 47 人、工程报废井 43 口，地面直接经济损失达数千万元。与此同时，井喷失控大量的喷出物，如油、气、钻井液等造成环境污染，影响了农田水利，及渔场、牧场、林场的建设。

在钻井作业中全面推行和实施健康、安全和环境（HSE）管理体系标准，有利于防范和削减钻井作业中的各种风险，充分体现"以人为本、预防为主、防治结合、持续改进"的原则，使钻井队（平台）员工接受"安全是最大的节约，安全出效益"的理念。

在石油行业推行 HSE 管理体系，是社会进步的标志，也是社会发展的必然趋势，有利于钻井企业的发展，其意义在于：

（1）贯彻国家可持续发展战略要求，促进石油工业的发展，为保护人类生存和发展做出贡献。

为了保护人类生存和发展的需要，我国政府在《国民经济发展"九五"计划和 2010 年远景规划纲要》中，提出了国家的可持续发展战略，将环境保护、保障人民健康作为基本国策和重要政策。国家连续颁布了《环境保护法》等一系列法律、法规和 GB/T 24000 系列环境管理体系标准等；原中国石油天然气总公司于 1997 年 6 月 27 日发布了 SY/T 6276《石油天然气工业健康、安全与环境管理体系》，并于 1997 年底发布了 SY/T 6283《石油天然气钻井健康、安全与环境管理体系指南》等标准。钻井作业在石油、天然气的勘探开发活动中，风险较大，环境影响较广。为了贯彻实施国家的可持续发展战略，促进石油工业的发展，就必须实施符合我国法律、法规和有关安全、劳动卫生、环境标准要求的 HSE 管理体系，有效地在钻井作业的全过程中，控制对健康、安全与环境的影响，满足安全生产、人员健康和环境保护的需要，为保护人类生存和实现国民经济的可持续发展做出应有的贡献。

(2) 减少各种事故的发生，降低钻井作业 HSE 风险。

减少钻井作业中各种事故的发生，特别是杜绝重大恶性事故的发生，降低钻井作业风险是实施 HSE 风险管理的根本宗旨。通过在钻井作业中贯彻执行石油天然气钻井健康、安全与环境管理体系，增强员工对安全事故和环境污染事故预防意识，尽最大努力避免事故的发生。另一方面，当事故发生时，通过有组织、有序的控制和处理，将影响和损失降低到最低限度。

(3) 减少钻井作业成本，节约能源和资源。

钻井行业是高投入的行业，一旦发生重大事故，如发生井喷失控着火，会造成人员伤亡、钻机设备毁坏、环境污染，其损失和影响是无法估量的。HSE 管理体系摒弃了传统的事后管理与处理的方式，采取积极的预防措施，将健康、安全与环境管理体系纳入钻井企业总的管理体系之中，对钻井生产运行实行全面的整体控制。这样可以大量节约用于排污处理和安全事故处理的资金与技术设备，节约了能源，降低了钻井作业的成本，从而提高了经济效益。

(4) 提高钻井行业的健康、安全与环境风险管理水平。

推行健康、安全与环境风险管理体系，可以帮助钻井队（平台）规范管理体系，加强健康、安全与环境方面的培训，提高重视程度。通过引进新的监测、监督、规划、评价等管理技术，加强审核和评审，健全管理机制，提高管理质量和管理水平。

(5) 增强钻井队的市场竞争能力，促进我国钻井企业进入国际市场。

当今市场竞争日趋激烈，实施 HSE 管理已成为大的趋势，也是社会发展和市场竞争的必然选择。无疑，实施 HSE 管理的钻井队将大大增强市场竞争能力。目前，国际石油、天然气勘探、开发以及各工程建设市场对进入市场的各国石油企业提出了 HSE 管理方面的要求，未制定和执行 HSE 标准的企业将限制在市场之外。因此，实施 HSE 管理，促进我国石油天然气钻井企业的健康、安全与环境管理与国际接轨，并使我国的钻井队伍能在竞争中顺利进入国际钻井市场。

总之，在钻井作业中实施健康、安全与环境风险管理，一方面可以通过提高 HSE 的管理质量，改善企业的形象；另一方面，通过减少和预防事故的产生，降低和预防 HSE 风险，提高经济效益，增强市场竞争力，使经济效益、社会效益和环境效益有机的结合在一起，为保护人类生存和发展做出应有的贡献。

第二节　风险管理的基本概念

HSE 管理体系明确定义了有关的术语，其内涵有别于其他管理体系。

(1) 风险（risk）：发生特定危害事件的可能性以及事件结果的严重性（HSE 管理体系中的定义）。广义的风险是一种环境或状态，它是指超出人的控制之外的某种潜在的环境条件，即指有遭到损害或失败的可能性。

(2) 危害（hazard）：可能引起的损害，包括引起疾病和外伤，造成财产、工厂、产品或环境破坏，导致生产损失或增加负担（HSE 管理体系中的定义）。

(3) 危害评价（hazard assessment）：依据现有的专业经验、评价标准和准则，对危害分析结果做出判断的过程（HSE 管理体系中的定义）。

（4）危险源（dangerous source）：指可能造成人员伤害、财产损失或环境破坏的根源，可以是一件设备、一处设施或一个系统；也可能是一件设备、一处设施或一个系统中存在的一部分。

（5）事故隐患（accident hidden danger）：隐患是指客观存在的对人和物的潜在危害。事故隐患是指作业场所、设备或设施的不安全状态、人的不安全行为和管理缺陷。

（6）风险管理（risk management）：是对系统存在的危险性进行定性和定量分析，得出系统发生危险的可能性及其后果严重程度的评价。根据评价结果，对危害尤其是重大危害因素制定风险削减措施，编制应急反应计划，以实现对风险及其影响的管理。

风险管理充分体现了对事故危害及影响以预防为主、突出控制和削减风险的管理思想。图 1-1 显示了风险管理的过程。

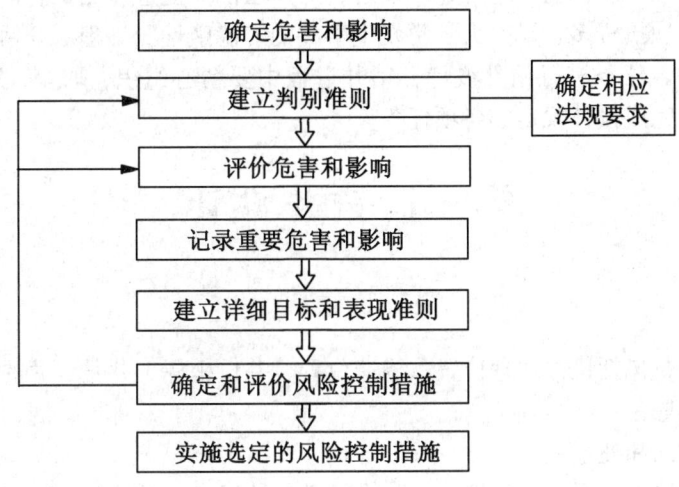

图 1-1　风险管理过程

第二章　钻井生产工艺

石油、天然气埋藏于地层深处，为了勘探和开发油气资源，借助一套专用设备和工具，在预先选定的地表位置处，向下钻成一口千余米，甚至上万米的井眼，以直达油气层的工作叫钻井。钻井生产的工艺过程大致分为以下三个阶段：

（1）钻前工程：选择和修建井场，安装钻井设备。

（2）钻进：破碎岩石形成井眼（第一次、第二次开钻）；使用性能优良的钻井液循环清洁井底，携带岩屑；固井、下套管注水泥加固井壁，封隔不同压力产层。

（3）完井：钻开产层，安装完井井口设备，对产层的产能进行测试。

钻井生产是一项投资多、风险大、常发生事故的"隐蔽性"工程。开钻前，应根据有关资料和该井的目的、任务进行钻井设计，钻井过程中要精心组织，取全、取准各项地质资料，安全、优质地完成设计规定的各项任务。

第一节　钻井设计

一、设计依据

（1）基本数据，包括该井地理位置、构造位置、井口坐标、井号、井的性质、完钻井深及层位、完井方式等；

（2）钻井的目的和任务；

（3）预计所钻遇地层层位、岩性、油气水显示、地层压力及地层破裂压力；

（4）该井的设计任务书，石油天然气钻井工程标准。

钻井设计由地质部分和工程部分组成。前者提出了对录取地质资料的要求；后者是各项施工的具体措施。

二、地质部分

地质部分包括：

（1）地质录井，包括岩屑录井，钻时录井，岩心录井，钻井液性能测定，气测录井，氯离子含量测定，气侵井涌、井漏等现象的观察；

（2）地球物理测井，包括测井项目、层段、要求；

（3）中途测试及完井测试，包括测试层位、测试内容及资料要求。

三、工程部分

（1）钻井设备选择：

①钻机型号；

②钻井液净化设备；

③井控装置。
(2) 井身结构及套管程序：
①各次开钻井眼尺寸及钻深；
②各层套管尺寸、下入深度及水泥返高；
③定向井井眼轨迹设计，包括剖面型式、造斜点井深、造斜率选择、井身垂直剖面图与水平投影图。
(3) 钻具组合：
①各次开钻钻具组合；
②防斜钻具组合；
③造斜、稳斜、降斜钻具组合。
(4) 钻头型号选择。
(5) 钻进参数设计：
①钻压；
②转速；
③水力因素（排量、泵压）；
④喷嘴直径。
(6) 钻井液设计：
①不同层段所使用的钻井液类型、配方及性能指标；
②维护处理要求；
③固相控制技术；
④油、气层保护措施。
(7) 固井设计：
①各层套管柱的强度设计；
②注水泥浆设计。
(8) 井控设计：
①选择井控设备；
②各次开钻和完井井口装置，以及井口装置试压要求；
③井控技术措施：地层压力检测、破裂压力试验要求，压井措施，防喷、防火技术措施。
(9) 环境保护措施：
①各工艺环节的防止水污染措施；
②防止空气污染措施；
③防止土壤、农田污染措施；
④作业及生活污水处理装置；
⑤环境恢复措施等。
(10) 物资材料准备。
(11) 施工进度计划。

第二节 钻前工程

钻前工程指一口井开钻前修建通向井场的道路、选择和布置井场、安装钻井及附属设备等工作。钻前工程质量的好坏直接关系到建井周期的长短和钻井工程的质量，也影响着钻井生产的安全与环境的保护。

一、井场的选择与布置

选择井场的依据是钻井设计所给出的井位坐标和实际地形。实际井位与设计坐标井位一般相差不应大于50m。

选择井场时应考虑：
（1）避开洪水区、山洪暴发区、山体滑坡地带；
（2）井场边缘距铁路、江河大堤、高压电线、公路干线、高大建筑、水源水库、居民生活区等的距离，一般应不少于50m；
（3）节约土地，少占良田熟土；
（4）尽量靠近水源，做好井场污水排出、储存、处理等规划；
（5）最大限度地保存原有树木、灌木、农作物、草原，避免不必要的砍伐和毁坏，保护植被和环境；
（6）井架基础要坐于挖方上，不能坐于填方上。

井场选定之后，要根据井场所处的自然环境、所选钻机类型和钻井工艺要求，合理布置井场。它包括确定钻机和泵房位置、井架大门方向和场前空地、油水罐位置、材料房和值班房位置等。井场布置要注意：
（1）井口要位于井场较高位置，以便排水。方井、机泵房及井场周围应专修排水沟。井场外要设污水池，集中处理废水；
（2）油、水、钻井液罐应置于较高位置；
（3）值班房应便于看到钻台工作情况，发电房、锅炉房、油罐等应远离井口，一般不少于50m；
（4）井场供电、照明应严格按有关操作规程执行，确保安全；
（5）各型钻机的井场大小可根据有关规定确定。

二、设备安装

钻机的主要设备，如井架、动力机、泵、绞车等，均坐于混凝土基础上。基础的水平度、高度应符合安装要求，以确保设备正常运转。

井架是钻机提升系统的固定设备，用来装置天车，悬吊游车、大钩，以提升井内钻具。不同类型井架其安装方法不同。塔式井架用扒杆法，"A"型、"Π"型井架则先在地面逐段连接好，通过井架底座上的一组滑轮，用钻机动力和提升系统起升井架，使其坐于人字架或斜支撑上，然后锁紧固死。

用扒杆法安装塔式井架时需高空作业，其劳动强度大，必须特别注意安全。

地面安装、整体起升井架，负荷重，危险性大。为保安全和一次成功，起升前要做好检查，统一指挥，精心操作。先试起一定高度，刹住，再进行一次全面检查，无问题后，缓慢下放原位，再低速、平稳连续起升。就位前，提前摘去动力，靠惯性就位。

动力机及传动装置、绞车、转盘、天车、钻井泵等设备安装于相应底座上初步就位后，应找平、找正、找中，然后紧固。

三、开钻前的准备工作

设备安装结束后，开钻前还应做好以下工作：

（1）对塔式井架的钻机，在天车、游车、绞车滚筒之间穿提升系统要用钢丝绳，连接天车、游车、绞车滚筒时，钢丝绳一端卡于滚筒上，另一端固定于死绳固定器；

（2）存放方钻杆和接单根用的大小鼠洞，下鼠洞管；

（3）在钻台底座下挖圆井（方井），便于今后安装井口装置。在井口地表处向下挖1~3m深的井眼，并向其中下入一根比开钻钻头大 $2''$❶ 左右的钢管，找垂后，管外灌混凝土。该管称导管，其作用是第一次开钻时引导钻头下钻和作为钻井液循环的出口。导管侧向出口与钻井液槽连接或通向钻井液槽。

第三节 钻 进 技 术

一、钻进

破碎岩石，形成井眼的过程叫钻进。用以破碎岩石的工具叫钻头。钻进时，不断地给钻头施以压力，使钻头牙齿吃入岩石；同时地面动力系统通过接在钻头之上的钻柱带动钻头不断旋转，岩石即被钻碎。为了及时把钻碎了的岩石碎片——岩屑，带离井底并返到地面，以使钻头直接破碎井底岩石，钻进中还必须不断循环钻井液，清洗井底。

井眼加深到一定深度后，为了防止井壁坍塌及其他井下复杂情况的发生，保证井眼顺利钻达完井井深，需下入套管，并向管外与井壁间的环空注入水泥浆，以加固井壁，封隔各种复杂地层。待水泥浆凝固后，再换用尺寸小一级的钻头，从套管内向下继续钻进。由于每口井的设计井深不同，所钻达的岩性、地质情况各异。因此，所下套管层数也不一样。少则一层，多则三四层。所以每下一层套管更换钻头尺寸继续钻进叫一次开钻。因此，一口井钻进过程中首次开钻叫一开，下第一层套管后再开钻叫二开。依次类推，则为三开、四开。

二、钻头

钻头是破碎岩石的主要工具。根据岩石破碎的原理和钻头的结构，又把钻头分为牙轮钻头、刮刀钻头和金刚石钻头三类，如图2-1、图2-2、图2-3所示。

牙轮钻头由钻头体、牙爪、牙轮、轴承、牙齿和水眼（喷嘴）组成。钻头旋转时，牙轮随之滚动，轮上的牙齿靠冲击压碎和滑动剪切作用破碎岩石；钻井液从水眼喷嘴高速流出，清洗井底并帮助破碎地层。牙齿有铣齿和镶齿两种。前者是从牙轮本体上铣出后再加焊硬质合金粉而成；后者为硬质合金齿，做成不同形状（楔形、锥形、球形等），然后镶嵌于牙轮

---

❶ $1''=0.0254$m

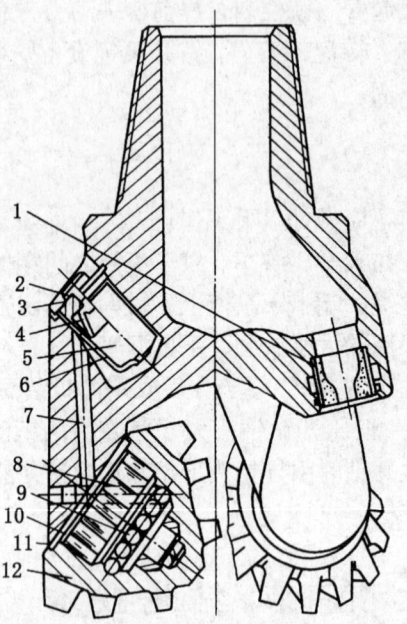

图 2-1 牙轮钻头

1—喷嘴；2—传压孔；3—压盖；4—压力补偿膜；5—储油腔；6—护膜杯；7—长油孔；8—滚柱；9—滚珠；10—衬套；11—密封圈；12—牙轮

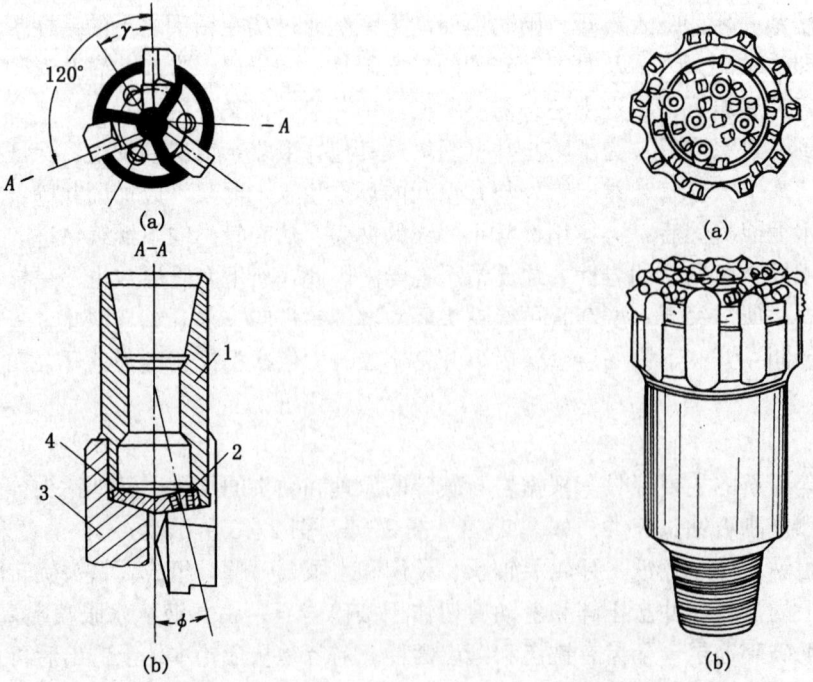

图 2-2 刮刀钻头

1—钻头体；2—喷嘴；3—刮刀片；4—下帽

图 2-3 金刚石钻头

上的孔中。镶齿较铣齿耐磨。牙轮轴承有滚动、滑动、密封和非密封之分。密封滑动轴承寿命较强。牙轮钻头的轴承载荷重、井下工作环境差、寿命较短，是钻头的薄弱环节，常常先于其他部分而损坏。

牙轮钻头适用于从极软到极硬的各类地层。为了提高破碎效率，用于不同软硬地层的钻头，其牙轮、牙齿均有不同的结构特点。

刮刀钻头由钻头体、刀翼和水眼三部分组成。刀翼焊于钻头体上，刀翼的底部和侧面，镶焊硬质合金块，以提高其耐磨性。刮刀钻头的刀翼在钻压作用下吃入地层，并不断旋转以切削岩石。刮刀钻头只有切削作用而无冲击作用，所以只适合于在较软、塑性大的地层中使用。

金刚石钻头是用天然金刚石或人造金刚石亦或人造金刚石复合片作切削刃，将其烧结于胎体上而成。胎体可由合金钢制成，也可用硬质合金粉经压制、烧结而成。为适应不同地层，胎体可做成不同形状。金刚石硬度极高，耐磨性好，因而金刚石钻头寿命长，在硬而高研磨性地层，能获得较高钻头总进尺，但成本较高。人造金刚石复合片钻头，由于其结构特点，在软到中硬地层中使用不仅寿命长，还有较高的机械钻速。

为了满足不同大小井眼的需要，钻头从小到大有15种尺寸。各种类型、尺寸钻头的数据可从有关规范中查找。

合理使用好钻头，对提高机械钻速，多打进尺，节约成本极为重要。使用中常见的钻头故障有：轴承卡死、牙轮偏磨、掉牙轮、掉弹子等。

三、钻柱

钻柱是钻头以上、水龙头以下的整个管串。它包括钻铤、钻杆、方钻杆和配合接头。钻柱的功用有：

(1) 带动钻头旋转，形成钻压，以破碎岩石；
(2) 钻井液通过钻柱水眼送到井底，从钻头水眼喷出，清洗井底，携带岩屑从环空返到地面；
(3) 计算井深；
(4) 钻头在井底的工作情况、地层岩性变化等井下情况可通过钻柱反映到地面；
(5) 通过钻柱可以进行各种井下作业和处理井下事故，如测试、挤注水泥、堵漏、压井和打捞落物等。

钻柱有不同的公称尺寸（指外径）、不同的壁厚、不同的钢级，以满足不同井的需要。不同大小的钻头要配以不同尺寸的钻柱，这叫钻柱组合。常用钻具组合有：

(1) 12 ¼″钻头 +（9″+ 8″+ 7″）钻铤 + 5″钻杆 + 5 ¼″方钻杆；
(2) 8 ½″钻头 + 6 ¼″钻铤 + 5″钻杆 + 5 ¼″方钻杆；
(3) 6″钻头 + 4 ¾″钻铤 + 3 ½″钻杆 + 3 ½″方钻杆。

钻铤外径大、壁厚、用以形成钻压。钻铤所需长度主要根据最大钻压确定。一般情况下钻铤重量应是最大钻压的1.2~1.3倍，以确保钻杆不受压。

钻柱在井中工作时，载荷重，受力复杂，有拉、压、扭、弯各种载荷，有静载更有动载且载荷交变，因而容易疲劳折断。钻杆常从靠近加厚处的本体折断；钻铤则往往在连接丝扣处折断或滑扣。

四、钻进参数

钻进时,加在钻头上的钻压、带动钻具转动的转盘转速、循环钻井液时的排量和泵压,统称为钻进参数。

钻进速度的快慢、钻头总进尺的多少、每米钻进成本的高低等钻井技术指标与井径、井深、地层岩性、钻井液性能、钻头类型、钻进参数、操作水平等诸多因素有关。钻进技术的核心就是在井径、井深、地层岩性、钻井液性能、钻头类型等已知的条件下,如何选择合适的钻进参数以获得最优的技术指标,使每米钻进成本最低。这项钻进参数的优选技术已有较为成熟的理论和方法,正逐步在实际生产中应用。

机械钻速,即单位时间内的进尺数,一般情况下与钻压成正比关系。钻压大小的范围一般为 10~20t,或每英寸径钻头 1~2t。

转速与机械钻速间呈指数(函数)关系。实际工作中,大多数情况下转速在 60~80 r/min 范围。

排量和泵压统称水力因素。其作用是:

(1) 清洗井底,使岩屑及时离开井底,避免重复切削,并将岩屑携带返出至井口;

(2) 高速(每秒 100m 以上)射流从喷嘴射出,直冲井底,对井底施以巨大的冲击压力,产生直接或辅助的破岩作用。

钻井液射流的水力能量(水功率)越高,上述对井底的水力作用就越好,机械钻速也就越快。喷嘴射流的水力能量来自于泵,在已知的机泵、井眼、钻井液等条件下,选择合适的排量和喷嘴尺寸,以获得最大的射流水功率的技术叫喷射钻井。这项技术,生产中已普遍使用,并大大提高了钻进速度。

五、井斜

井眼轴线偏离铅垂方向的现象叫井斜。衡量井斜程度的参数有:

(1) 井斜角:井眼轴线某深度处的切线与铅垂方向的夹角。

(2) 方位角:井眼轴线水平投影某深度处的切线,沿前进方向与正北方向的夹角,叫井斜方位角。以正北方向为始边,顺时针为正,反时针为负。

(3) 井眼曲率:单位长度弯曲井眼所对应的圆心角。

(4) 井底水平位移:井口与井底在水平投影上的距离。

直井不是井斜角为零的井。真正一点不斜的井是不存在的,也是难以达到的。只要井斜参数不超过有关标准就是合格的直井。

引起井斜的原因有:由于地层倾角大、地层各向异性指数高、岩性软硬交错严重等引起的地层造斜力;下部钻柱弯曲所造成的钻头横向力。但地质因素是主要的,因此,有些地区极易井斜,有些地区则不会井斜。

为了控制井斜不超过规定的标准,通常可以在钻柱下部采用"满眼钻具"或"钟摆钻具"。

满眼钻具是在钻头之上安放由上、中、下 3 个与井眼基本无间隙的扶正器和大尺寸钻铤所组成的大刚度、"填满"井眼的钻具组合,如图 2-4。其作用是限制钻头的横向位移。

钟摆钻具是在钻头以上的下部钻具的适当位置处安放一个扶正器作为支点,以增大扶正

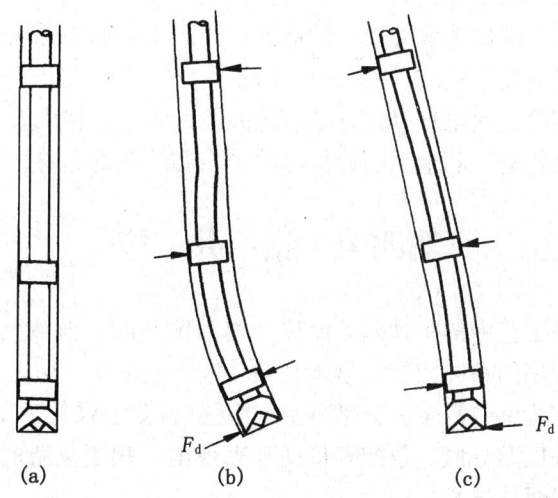

图 2-4 满眼钻具
F_d 为地层压力

器以下钻铤长度，提高该段钻铤向下井壁的横向分力，增大钻头"横摆"作用，从而减少和控制井斜的一种钻具组合，如图 2-5 所示。

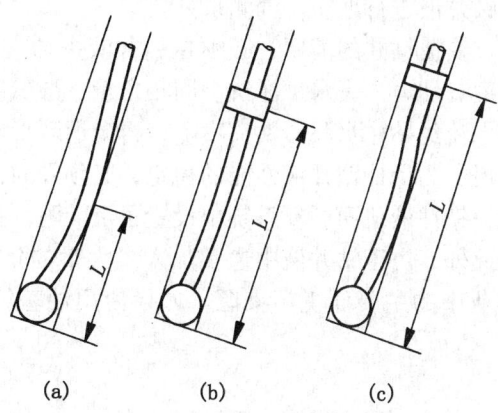

图 2-5 钟摆钻具
L 为钻铤长度

井斜过大，会给钻井、油气田开发等带来各种危害和事故。井斜过大，为钻达同一目的层所需进尺数增加，这不仅增加成本，还可能由于深度的误差使地质资料不真实。井斜过大，井底偏离设计位置过多，不符合开发井网布置方案，影响采收率。井斜使井眼弯曲，钻具在弯曲井眼中旋转，容易疲劳折断。弯曲严重井段容易产生键槽而发生键槽卡钻。固井时，严重弯曲井段下套管易遇阻，套管偏靠井壁，环空不易充满水泥浆而影响固井质量。

有时为了各种需要不打直井而打斜井，使井眼轴线沿预先设计的轨迹而钻达目的层的钻井叫定向钻井。遇下述情况时，常打定向井：

(1) 地面条件受限不宜钻直井：钻探重要建筑物下的油气藏；从岸边向海底、湖底打井；节约土地，陆地上一场多井，海上一平台打数十口井。

（2）地质条件要求：地层造斜力极高的地区；井眼横穿低渗透油层，扩大裸露面积；避开产层上方的复杂地层（如盐丘）。

（3）钻井工程的需要：封填难以处理的事故井段后侧钻；钻灭火井。

海上钻定向井较为普遍，陆地上随着技术的进步和装备的完善，定向井也日渐增多。

第四节 钻 井 液

钻井液是用于钻井工艺中的一种循环流体，称为钻井的"血液"。钻井液分为水基、油基和气体三大类。最常用的钻井液体系是水基钻井液，它由水、粘土、化学处理剂以及加重剂等物质组成，习惯称为钻井泥浆。分散在钻井液中的粘土颗粒大部分小于 $2\mu m$，它具有带电、吸附、水化膨胀以及分散、絮凝等特征，表现出了相当复杂的界面现象及流动特征，故钻井液属于胶体—悬浮体体系。

钻井液的功用很多，但最主要的功用有以下几方面：

（1）悬浮和携带岩屑，清洗井眼；

（2）传递水功率，高速钻井液射流可净化井底、辅助破岩；

（3）建立能平衡地层压力的液柱压力，以防止井下发生卡、塌、漏、喷等复杂问题；

（4）形成薄而韧的泥饼，增加井壁稳定性；

（5）通过返出井口的钻井液进行地质、气测录井。

为了满足安全、优质、快捷钻井的需要，必须在钻井液中加入各种有机和无机处理剂，以调整钻井液的密度、粘度、切力、失水、泥饼、固相含量、酸碱度等性能指标。

泵将钻井液注入井内，流经钻柱水眼、钻头喷嘴，再上返环形空间，直到地面。返出井口的钻井液中含有大量岩屑，为保持钻井液性能的稳定，必须及时清除这些岩屑，严格控制钻井液的固相含量。因此，钻井液地面循环系统中设置了沉淀池、振动筛、除砂器、旋流分离器等钻井液净化装置。此外，由于钻井液中通常加入了大量的化学处理剂及化学原材料，成分复杂，因而是钻井作业中的主要环境污染源。如果使用油基钻井液，将会加重环境污染。

第五节 固 井

一、各层套管的作用

下套管，向环空注入水泥浆，以加固井壁、封隔油气水层的工作叫固井。每口井从大到小要下数层套管。每层套管的尺寸（公称直径）及下入深度、相应各次开钻所用钻头直径和钻深、各次固井水泥浆返高等，就是井身结构的具体内容。

下入井内的套管，根据其作用不同，可分为三种。

1. 表层套管

表层套管的作用是封隔地表不稳定的松软易塌地层、水层、漏层；安装井控的井口装置；支承中间套管。下入深度一般是数十米到数百米，水泥返到地面。

2. 中间套管

中间套管又称技术套管。用来封隔钻井液难以克服的复杂地层，如大漏层、严重垮塌层、孔隙压力相差悬殊的油气水层，以保证钻井顺利进行。下入深度决定于复杂地层的井深。水泥浆返高一般可返到被封地层顶部100m以上。对气井，则应返到地面。

3. 油层套管

油层套管把目的层与非目的层隔开，给油气生产形成中途不流失的通道，为实施增产措施创造条件。水泥返高同技术套管。

二、套管

套管是用高级合金钢轧制而成的无缝钢管，每根长约6～10m不等。由本体和接箍组成。为了满足不同井的需要，套管有不同的直径（公称尺寸）、壁厚、钢级和螺纹。

套管尺寸一般由 $4\frac{1}{2}''$ 到 $20''$，共10余种，壁厚为8～13mm；套管的钢级表示钢材质量的强度级别为 N-80、C-95、P-110 等。英文字母是钢级代号，数字表示屈服强度，单位是 klb/in^2[❶]。套管的联接螺纹是细扣，每英寸6～8扣。其断面形状有"V"形（圆螺纹）和梯形两种。

下入井内的套管柱，要受到自重等产生的拉力；地层压力和管外钻井液柱所产生的外挤力；井喷或油气开采时，管内受到油气层压力所产生的由内向外的内压力。为保证套管柱安全下入，在油气井长期的生产过程中不失效、不破坏，固井前应对套管柱进行强度设计。由于套管柱各断面受的外载大小不同，下部所受外挤力大，上部所受拉力和内压力大。因此，套管柱由各种壁厚、钢级的套管组成，上下壁厚大，钢级强度高；中间则壁薄，强度较差。

下入井内的套管上端坐于井口装置的套管头内。

三、注水泥

油井水泥是一种有特殊要求的硅酸盐水泥。其成分、物理化学性能都有明确而具体的要求。油井水泥根据井底温度的不同分为若干级别。不同深度的井，井底温度不同，应选择不同级别的油井水泥。为了满足特殊固井的需要还有膨胀水泥、低密度水泥等特种油井水泥。

注水泥施工是借助一套专用设备和工具，边配边注。水泥与水混合成浆，从井口泵入套管内，再从套管柱底部上返环空，直至预定井深或地面。水泥浆流经路径长，套管与井壁间通道不规则，井下温度高、压力高，且处处不同，有的井温度高达200℃，压力达数十兆帕。欲封固的地层还具有不同的地层压力。这些都要求油井水泥浆与建筑用水泥浆应有不同的性能。API标准要求测定油井水泥浆性能的项目有：密度、稠化时间、失水量与析水量、流变性和水泥石的抗压强度、渗透性等。

水泥浆密度与配制时加入的水量有关。水少，密度高，流动性差，泵送困难；反之，密度过低，则会使水泥颗粒下沉，析水大，破坏水泥石密封性和降低水泥石强度。一般情况下，水泥浆密度为 $1.85g/cm^3$ 左右为好。水泥浆密度还应满足压稳地层，不压漏地层的要求。

干水泥与水混合后即发生水化反应，随着时间的推移，反应不断深入，水泥浆粘度不断

---

❶ $1\ lb/in^2 = 6894.76Pa$

增加，流动性逐渐丧失，最后直至完全不能流动。水泥浆从配制起到不能正常泵送而产生很高施工泵压的时间叫水泥浆的稠化时间。其值可用仪器实测。为了确保注水泥顶替的正常进行，水泥浆能返到设计高度，注水泥施工时间应比稠化时间少1h以上。

为保证深井、超深井及各种复杂井段的固井质量，常用各种处理剂处理水泥浆，使其物理化学性能满足施工要求。

注水泥施工前，应先做设计，计算所需水泥量、水量、施工水泥车台数及施工的技术、组织措施。注水泥浆前，先向井内打入少量液体（称隔离液），把水泥浆与井内钻井液分隔开，然后边配制边向井内注入全部水泥浆，接着打开安放在套管顶端水泥头上的挡销，用水泥车泵下顶水泥头的胶塞，立即开泵向井内替入钻井液，再用水泥车以小排量泵入，顶胶塞至装在套管串下部的承托环中（泵压会明显升高），最后关井候凝。

四、对固井质量的要求

固井是钻井中的一项重要工程，其质量的好坏不仅影响着该井的后续施工，而且还关系着今后油气井的正常生产和这口井的寿命。固井是一次性工程，不能返工，也无法返工。固井质量应达到以下基本要求：

（1）下入的套管柱在长期的生产过程中不断、不裂、不变形，丝扣处不渗不漏；

（2）管内水泥塞长度和管外水泥面高度符合设计要求；

（3）注水泥浆井段环空充满水泥浆；

（4）水泥浆凝固过程中无气侵；

（5）水泥石与井壁和套管胶结良好，油气不窜至地面，或地下层间窜漏，能经得起高压挤注作业的考验。

第六节 井　　控

井控的目的是控制油气井的压力。油气井的压力包括：油气水层具有一定的压力；井内钻井液静液柱压力、循环钻井液时的流动压力以及起下钻所产生的抽汲压力和激动压力等。当井内作用于地层上的压力小于地层压力时，地层流体就会流入井内造成井喷；如作用于地层上的压力过大，则可能压漏地层，引起钻井液的大量漏失。如何建立井内的压力平衡，一旦平衡打破，又如何重新恢复平衡，就是井控技术所要解决的问题。

一、井喷的危害

当地层压力大于井底压力时，地层流体进入井内的现象叫溢流。溢流失去控制，地层流体无控制地大量流入井内，喷出井口的现象叫井喷。井喷是钻井工程中的严重事故，主要有下列危害：

（1）井喷，尤其是长时间的井喷，油气资源将受到严重损失和破坏；

（2）喷出的油气水及其中的有害物质（如H_2S）会严重污染环境；

（3）井喷危及人身安全，容易造成人员伤亡。含硫化氢重的气井井喷，往往会使人中毒；

（4）井喷失控，极易失火，烧毁钻机，报废油气井；

(5) 恶性井喷，井喷失火，极难处理，既耽误时间，又耗费大量人力、物力、财力，经济损失巨大。

二、溢流发生的原因

作用在地层上的压力小于地层压力，地层流体就会流入井内。产生这种压力不平衡的原因有：

(1) 地层压力的预告值（或设计值）较实际值低，因而钻开该层的钻井液密度值小，液柱压力不足以平衡地层压力。这在新探区和地质情况较复杂的地区容易出现；

(2) 起钻未灌或未灌够钻井液，液面下降过多；

(3) 井漏，不能保持井内足够的液面；

(4) 气侵严重，排气不力等，使钻井液密度下降；

(5) 由于起钻速度过快，钻头泥包，钻井液性能不好等原因，产生过大抽汲压力，减少了作用在地层上的压力。

三、溢流的发现和关井

地层流体流入井内，地面上将有各种显示出现，认真观察和监视这些显示，就可及时发现溢流。

溢流的显示有：

(1) 钻进中钻井液池液面增高。溢流入井，钻井液的总体积增加，因而钻井液池液面升高；

(2) 钻井液出口管流速加快。流出井口的流体应等于注入井内的流体量。溢流入井，增加了入井的流体量，出口流速就必然加快。尤其是气井，天然气随钻井液上返，受压减小，体积膨胀，越靠近井口，膨胀越加剧，故出口管流速明显加快；

(3) 钻进时泵压下降。环空溢流有推动钻井液流动的能力，故泵压下降；

(4) 起钻时，灌入钻井液量小于起出钻柱体积；下钻时返出钻井液体积多于下入钻柱体积。

钻井液池液面及出口管流速的变化可从液面指示器及流速测定仪上及时观察得到。

溢流一经发现，应立即停止作业，迅速、正确控制井口——关井，防止井喷发生。关井越快，流出的钻井液越少，今后压井越容易。

钻进中发生溢流关井的程序是：停止作业，停泵，上提方钻杆出转盘面，关防喷器，关节流阀，然后观察和记录油、套压力。

如遇起下钻杆时，立即停止起下，在钻具上接止回阀，同时关井。起到钻铤时，应设法在钻铤上接根钻杆和止回阀，下放钻杆，再关井。

四、井控设备

井控技术的实施必须借助于一套专用的设备与工具。这一套井控设备主要包括以下几部分，如图 2-6 所示。

1. 井口防喷器组

自上而下由环形防喷器、半闭闸板式防喷器、全闭闸板式防喷器和四通组成。在钻台上

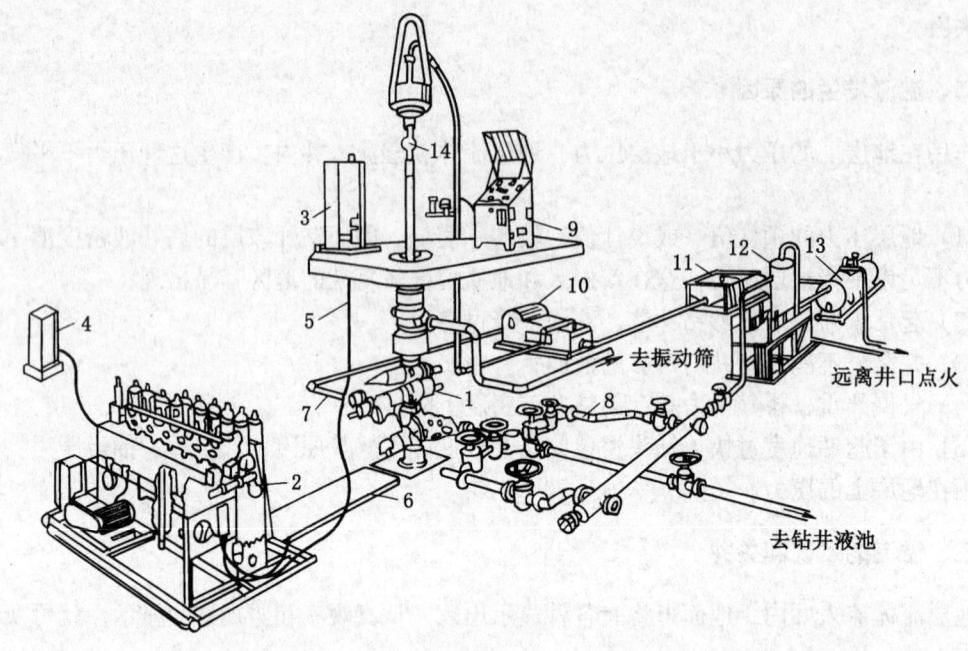

图 2-6 井控设备概况示意图

1—井口防喷器组;2—蓄能器装置;3—遥控装置;4—辅助遥控装置;5—气管束;
6—管排架;7—压井管汇;8—节流管汇;9—节流管汇液控箱;10—钻井泵;
11—钻井液罐;12—钻井液气体分离器;13—真空除气器;14—方钻杆上球阀

或蓄能器装置(放于井场)上扳动空气换向阀,蓄能器内的高压液油通过管线迅速驱动防喷器,在3~8s之内实现关井(环形防喷器在30s以内)。环形防喷器俗称万能防喷器,可封任何形状的钻具,但耐压能力低,只能应急,不能长期作业。半闭式闸板防喷器只能封闭相应尺寸的钻具。

为了适应不同井的需要,防喷器有不同的尺寸和工作压力。防喷器的尺寸指标为公称通径,指的是防喷器内通孔直径。常见的有9″、11″、13 5/8″和21 1/4″四种。防喷器的工作压力是指工作时所能承受的最大井口压力。常用的有14MPa、21MPa、35MPa和70MPa四种工作压力。

防喷器尺寸应与装于其下的套管尺寸相匹配,以便钻头、钻具能顺利通过;防喷器的最大工作压力应大于可能出现的预期井口最高压力。

对于油井,预期井口最高压力等于地层压力减去半井筒液柱压力。对探井、高压气井,以井筒全掏空计算,即预期井口最高压力等于地层压力。

2. 控制装置

它由蓄能器装置(又称远程控制台)、遥控装置(又称司钻控制台)以及辅助遥控装置组成。蓄能器是制备、储存与控制压力油的液压装置。通过操作换向阀可以控制压力油输入防喷器,实现开、关动作。蓄能器安装于井口侧前方25m处。

遥控装置是使蓄能器上的换向动作能在远处实现,间接开关井口的设备。它安放在司钻操作岗位附近。辅助遥控装置安放在值班房,作应急之用。

3．节流管汇

控制井口和压井，都必须借助于一套装有可调节流阀的专用管汇。通过节流阀，建立一定的井口压力（油压、套压），使井口压力与井内液压之和与地层压力平衡。通过这套管汇，约束井内流体，使井内各种流体在控制下流动或改变流动路线，以实现井控中的各种作业。

五、压井

发现溢流关井后，向井内循环替入能平衡地层压力的钻井液，重建压力平衡的工艺技术叫压井。

压井前应首先根据关井立套压及有关资料计算出实际的地层压力、压井所需钻井液密度、循环压井时保持压稳地层应有的循环立管压力及其变化、压井循环时可能发生的最大套压以及该套压是否会压漏地层、压井施工时间等，以指导施工。

压井有一次循环法和两次循环法两种。

两次循环法是先用原浆循环，调节节流阀控制立管压力，把井内溢流全部排出地面，井内全部充满不含地层流体的钻井液；然后替入重浆，调节节流阀，使立管压力按计算值变化，直至重浆返到井口。

一次循环法是将预先配制好的压井重钻井液一开始就替入井内。排除溢流和压井在一个循环周内完成。

前者压力关系较为简单，便于控制，施工容易；后者施工中的压力变化较为复杂，但时间较短。

压井循环中的每时每刻，必须通过调节节流阀，控制立管压力或套管压力，使作用于地层上的压力平衡地层压力，不产生新的溢流。

第七节 完　井

油气井完井是钻井工程的最后一个重要环节。其主要内容包括：确定完井方法，钻开生产层，下油层套管固井，安装井底、井口装置。油井完成质量的好坏，直接影响到油井的寿命和生产能力。因此，完井工作必须为保护油气层，多采油气，长期稳产创造条件。

一、钻开油气层

油气层多为孔隙性砂岩或裂缝性灰岩，产层被钻开后，在钻井液柱压力与地层压力差的作用下，钻井液会流入孔隙或裂缝，对油气层带来各种损害，使地层渗透率降低，严重时会完全堵塞，给以后的试油和开采带来困难。钻井液对油气层的损害主要是钻井液中的固体侵和水侵。

1．固体侵

钻井中最常用的钻井液是以粘土、水和处理剂配制成的水基钻井液。在压差作用下，钻井液中的粘土颗粒、固相颗粒会进入产层的孔隙和裂缝，从而减小或堵塞了油气渗透通道。另外，进入地层内的钻井液，在井内高温高压和地层内各种矿物盐类的作用下，其粘滞性会大大增加而变稠，也会形成堵塞。地层内流体的流动，会把原来稳定在固体表面的松散微粒冲走，并在油气通道的喉道处等位置堆积而形成堵塞。

2. 水侵

钻井液滤液进入油气层，会造成下述危害：进入油气层中的钻井液使地层粘土成分吸水膨胀，使油气通道缩小，降低渗流能力；地层中的可溶性盐类遇滤液后溶解，产生化学沉淀物，堵塞油气通道；自由水进入地层与油、气接触后，由于水的表面张力大于油气的表面张力，水呈小珠状分布在原油中，破坏了油流的连续性，将原油的单相流动变为油、水多相流动，增加了流动阻力；由于各种原因自由水不会连续侵入地层，而在孔隙中形成一段水、一段油（气）的现象，由于油—水或气—水之间有表面张力，这就增加了油气在孔隙内流动的阻力。即所谓的"水锁效应"。

为了减少钻开产层时钻井液对油气层的损害，可以根据不同情况采取以下措施：

（1）合理确定钻开产层钻井液密度，减少钻井液液柱压力与地层压力之差；
（2）使用低固相或无固相钻井液，减少固相颗粒的侵入；
（3）使用表面活性剂处理钻井液，减少钻井滤液与油之间的表面张力；
（4）使用油基钻井液或油包水乳化钻井液，从根本上避免水侵带来的不良影响；
（5）在钻井液中加入暂堵剂（石灰石粉、超细碳酸钙等），以减少钻井液滤液和固相颗粒的侵入，并可通过酸化恢复地层的渗透率；
（6）降低钻井液失水，提高矿化度，减轻水侵危害；
（7）选择合适的完井方法，加快完井施工速度，以减少钻井液对产层的侵泡时间。

二、完井方法

一口井的完井方法主要是指油气层与井底的连通方式、井底结构与井口装置。目前国内常用的为射孔完井法和裸眼完井法。采用何种方法完井，应根据油气层的具体情况及各地实际经验确定。

1. 射孔完井法

钻开产层后，把油层套管下至产层底部固井，然后将套管和水泥石用射孔弹射穿，并进入产层一定深度，使油气流沿射穿的孔道流入井内。这种方法使用广泛，适用于疏松易塌的产层、夹有水层的产层和需要分层开采的产层。其缺点是产层受钻井液和水泥浆损害较重，油气层与井底连通面积小，油气流入井底的阻力较大。

2. 裸眼完井法

裸眼完井可分为先期裸眼和后期裸眼完井。前者是钻至产层顶部，先下油层套管固井，再钻开生产层；后者则是钻穿产层后再下油层套管到产层顶部固井。裸眼完成法产层裸露，油气层直接和井底相通，油气流入井内阻力小，但其使用范围较小，只适用于岩性坚固（如灰岩）且无油气水夹层的单一产层。

第八节 钻井事故

钻井是一项以地下岩层为对象，隐蔽性很强的工程。地质情况千差万别，岩性不同，压力各异，井眼小而深，井壁长期裸露。因此，由于各种原因，井下事故时有发生。处理事故不仅耗费了大量的人力、物力和时间，还有可能使井眼部分或全部报废。常见的钻井事故有卡钻、井漏、钻具折断和井下落物等。

一、卡钻

钻井中，常因地质条件复杂，钻井液性能不好或技术措施不当等原因，造成钻具在井内卡住不能活动的现象叫卡钻。根据卡钻原因的不同，常见的卡钻有：泥饼卡钻、键槽卡钻、井塌卡钻和沉砂卡钻等。

1．泥饼卡钻

井眼不可能垂直，井下钻具的某些部位总会靠于井壁。这样，钻具一侧失去液压，另一侧则受很大静液压。巨大的压差使钻具贴紧于井壁，加上泥饼的粘滞性，形成巨大的摩擦力，地面动力不足以克服摩擦阻力，钻具就不能自由活动。泥饼卡钻均发生在由于各种原因钻具在井内静止时。钻井液性能不好，井眼曲率大，钻具静止时间过长，则更易发生卡钻。泥饼卡钻时钻具虽不能活动，但钻井液仍能正常循环。

2．键槽卡钻

在井眼曲率大的井段，井眼明显弯曲，钻具斜靠井壁一侧。钻井时，钻具旋转研磨井壁，起下钻时则上下拉刮，长期作用，井壁被钻具磨成一条比钻具接头直径稍大的凹槽（俗称键槽）。起钻时，如果钻头被强行拉入底部键槽，钻头将卡于槽内使钻具不能活动而造成卡钻。键槽卡钻的井，卡钻前，在起钻过程中会经常在键槽处遇阻。键槽卡钻钻井液能循环、卡点固定。

3．井塌卡钻

井壁坍塌，大量岩石下落，堵塞环空，埋住钻具的卡钻叫井塌卡钻。其原因主要有：岩性疏松、破碎、胶结不好；地层倾角大；清水浸泡井眼时间长，钻井液失水大，井壁岩石吸水膨胀；钻井液密度低或井漏使钻井液液柱压力不足以平衡地层侧压力；强烈井喷冲刷井壁。井塌卡钻，钻具既不能活动，钻井液也不能循环。

4．沉砂卡钻

钻进中，停止循环后，大量岩屑下沉堵塞环空，埋住钻头及钻具所造成的卡钻称沉砂卡钻。其原因主要有：钻井液性能不好，悬浮和携带岩屑的能力弱；排量过小，带出岩屑量少；设备故障或钻具折断被迫中断循环。沉砂卡钻后，钻具不能活动，钻井液也不能循环。

处理卡钻前应先用仪器测量并计算出卡点井深，然后再根据不同的卡钻及井下情况，采用不同的解卡方法。常用的方法有：

(1) 油浴，向卡点井段替入原油或油基解卡剂，是泥饼卡钻解卡的有效措施；

(2) 用震击器使被卡钻具受到巨大的下（上）击力而解卡；

(3) 倒扣、套铣。用爆炸倒扣等方法将卡点以上钻具倒扣起出，下套铣筒将被卡钻具环空的岩石钻碎循环返出地面，然后倒扣起出。再套铣，再倒，直至起出全部被卡钻具；

(4) 震击、倒扣等施工，难度大、强度高，极具危险性，必须特别注意安全，尤其是人身安全。

二、井漏

钻进中，钻井液漏入地层而返出量减少或甚至不返的现象叫井漏。引起井漏的原因有：

(1) 地层压力异常低；

(2) 地层孔隙度大、渗透性好；

(3) 地层有裂缝溶洞；
(4) 钻井液密度过高，下钻过快或开泵过猛，造成很大激动压力；
(5) 进行挤注作业时井下不正常，对地层产生过大压力，憋漏地层。

井漏发生后，应通过有关仪器及资料，确定漏层位置及漏失速度，然后根据不同情况采用以下不同的堵漏方法。

1．在循环的钻井液中加入硬堵材料——惰性填料物

这些硬堵材料包括：纤维状材料如木屑；颗粒状材料如珍珠岩、塑料颗粒等；片状材料如云母片。通过循环使这些材料进入漏层而起堵塞作用，适用漏速不大的地层。

2．桥接堵漏

以一定尺寸的硬堵材料和钻井液或其他携带浆液一起配成"桥接"堵漏浆液，替至漏层之上，让其自动流入或用泵挤入漏层，使堵漏材料和其他固相物质在漏失通道内形成紧密的楔塞而堵住漏层。此法，适应性广，效果良好。

3．胶凝堵漏浆液

各种无机胶凝物质或高分子化合物与某种分散介质配成的混合浆液，替入或挤入漏层，待其流速降低或静止之后，能迅速稠化形成一定强度的凝胶或凝结固化。

4．化学堵漏剂

用高分子聚合物外加一定的钻井液或填料配成的化学堵漏剂，挤入裂缝和孔隙，可以造成较紧密的堵塞层。此种堵漏剂，成胶前是密度较小的液体，具有良好的渗透性，成胶后又有很好的粘性和弹性，适合形状不同、大小各异的裂缝性漏层。

三、钻具折断与井下落物

钻具在井内长期工作，载荷重，工作条件恶劣，常出现以下事故。

1．钻杆本体折断

大多由于疲劳引起，常在距接头 0.5m 左右的本体或对焊处折断。

2．钻铤丝扣折断

常发生在钻铤接头扣根部。该处应力集中，长期的交变应力导致疲劳折断。

3．滑扣

钻具丝扣经多次上卸或操作不当，扣面磨损过度，强度降低，最后在拉力作用下发生塑性变形而导致滑脱。滑扣多发于钻铤。

钻具折断或滑脱后，应立即探"鱼（落井钻具叫鱼）顶"，找方入，然后根据不同情况，分别使用公锥、母锥、卡瓦打捞筒等工具打捞。

钻井过程中，常常由于措施不当，操作不慎，检查不严或钻头质量不好，而造成各种井下落物事故：掉牙轮和弹子，断牙爪和刮刀片，掉榔头、扳手、钳牙、卡瓦牙等。这些落物妨碍钻头钻进，必须打捞干净。常用打捞落物的工具有：磁铁打捞器、反循环打捞篮、一把抓、打捞杯等。

第三章 钻井作业 HSE 风险识别和评估

钻井是高风险的行业，在整个钻井作业活动中，都可能潜在对健康、安全与环境危害的影响因素。识别钻井作业中潜在的 HSE 风险与危害的影响因素，是有效控制和削减钻井过程中给健康、安全与环境带来的危害及影响的重要基础。

第一节 钻井作业 HSE 危害和影响的确定

一、钻井作业 HSE 风险识别的特征

由于钻井作业的特殊性，在识别钻井活动过程中存在的对健康、安全与环境的危害时应掌握有以下主要特征。

1. 差异性

根据钻井工艺的特点，钻井作业大致分为钻前、钻井和完井施工活动几个阶段。不同施工阶段以及采用不同的钻井工艺对健康、安全与环境的影响不同，存在的危害和风险因素不同。此外，因钻井作业场所的流动性，不同地域（如海上和陆地钻井）的环境、气候条件不同，其危害和风险的影响因素也不尽相同。

2. 严重性

因人为操作或工艺措施不当以及设备处于不安全运行状态等诸多因素所导致的事故造成的危害极大，如井控失效可能造成井毁人亡的恶性事故，产生的后果甚至是灾难性的。

3. 多样性

钻井活动中不仅存在常规的着火、爆炸、电击、运输事故、有害材料、化学试剂、工作环境（如滑倒、噪声、振动）等对健康、安全与环境的危害因素，而且还存在设备伤害（如水压和气压、旋转机械）、污水和钻井液以及硫化氢等对健康、安全与环境的影响，其危害是多种多样的。

4. 时间性

钻井活动中造成的对健康、安全与环境的危害有的是突发性的，影响时间较短暂，而有的影响时间较长（如噪声危害贯穿整个钻井活动过程），而有的影响则可能是永久性的（如钻井中井漏造成的对地下水源的污染）。

5. 隐蔽性

钻井安全事故的发生受人为因素、设备状况因素、施工作业措施因素以及外界等因素的影响，并且存在诸多不确定的影响因素，有较强的隐蔽性。其危害和影响的发生及程度有时难以预料。

6. 变化性

钻井作业中的风险具有多变性，往往会因措施或处理不当，可能会由一般事故升级为严重事故甚至恶性事故。如钻井过程中发生井漏，若同时存在高压层，处理井漏措施不当，就

可能因井漏液柱压力降低而发生井喷或井喷失控事故，从而由一般事故演变成严重事故或恶性事故。

二、钻井作业 HSE 风险因素的识别方法

根据钻井作业地区环境调查结果和钻井作业活动中易发生事故环节以及日常管理经验，从人的行为、物理状态、环境因素等方面进行分析，对钻井作业项目的全过程进行风险因素识别。可采用危险点源分级挂牌、危害程度分级挂图、环境监测、关联图等定性方法和定量方法进行风险识别。

钻井作业 HSE 风险识别，通常可采用关联图分析法，它是通过一种假设方法用图表示危害如何产生及如何导致一系列后果的危险分析法。如图 3-1 所示，将顶级事件（指不希望发生的事故，如井喷、高空坠落等）用圆圈表示，并置于关联图中心。

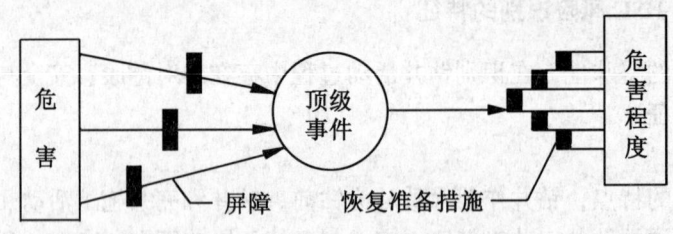

图 3-1 关联图

1. 隐患识别

在顶级事件确定后，应对引起顶级事件的原因进行分析。如钻井作业中地层有碳氢化合物溢出，引起井喷失控，分析时应尽可能从人的行为、设备故障、地层条件等方面找出原因。图 3-2 为井喷失控的隐患识别树状图。

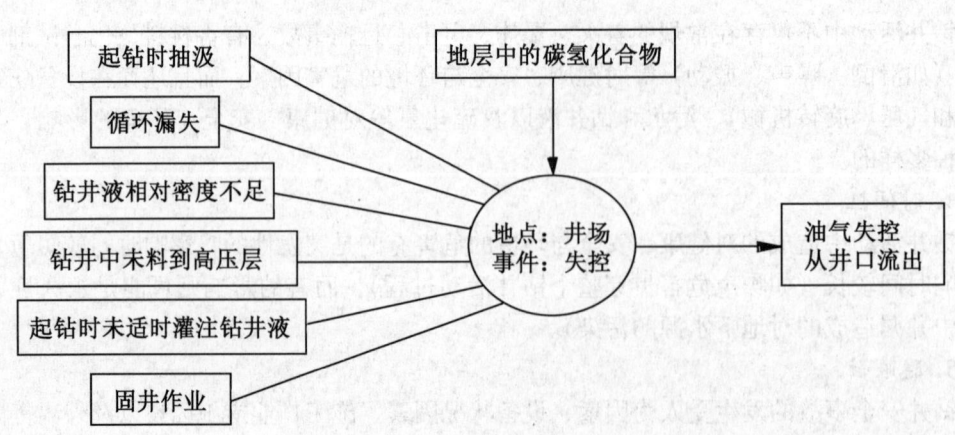

图 3-2 隐患识别树状图

2. 事故识别

引起顶级事件发生的原因除一次原因外，还可能有失效事件因素。这种事件因素在顶级事件发生的各种途径中，是预防顶级事件发生的制约因素，但由于失效而引起顶级事件的发

生。所以应将这些原因分析出来,加入到关联图中,用黑长方形表示,构成一个完整的顶级事件发生原因树状图(图3-3)。

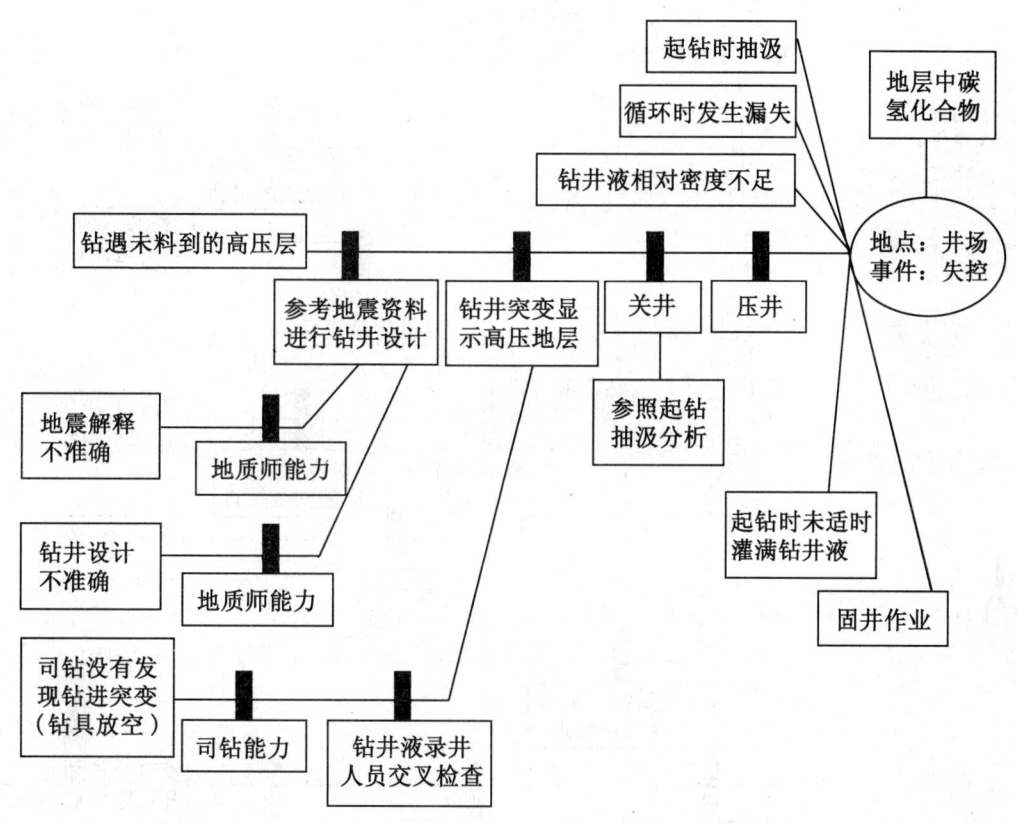

图3-3 事故识别树状图

3. 屏障设置

在对顶级事件及原因进行分析后,应采取相应的措施限制和预防顶级事件的发生,即设置屏障,削减和控制风险。在屏障设置树状图中,用黑长方形表示设置的屏障(参见图3-4),通常屏障包括安全教育、安全管理、应急计划、员工培训和硬件措施等。

三、钻井及相关作业的主要风险

钻井作业过程中,存在相关承包方的技术服务作业,产生的HSE风险会影响整个全局。因此,在进行风险识别时,不但要识别出共同风险,也要识别出相关作业风险。

1. 共同作业风险

(1) 井喷及井喷失控可能造成地层碳氢化合物的溢出;

(2) 火灾及爆炸:地层碳氢化合物的溢出,特别是轻质油、硫化氢等可燃(剧毒)气体溢出,汽油及柴油、润滑油、机油等泄漏造成火灾爆炸危险事故;

(3) 营房火灾;

(4) 电气火灾;

(5) 现场易燃纤维或其他物品着火;

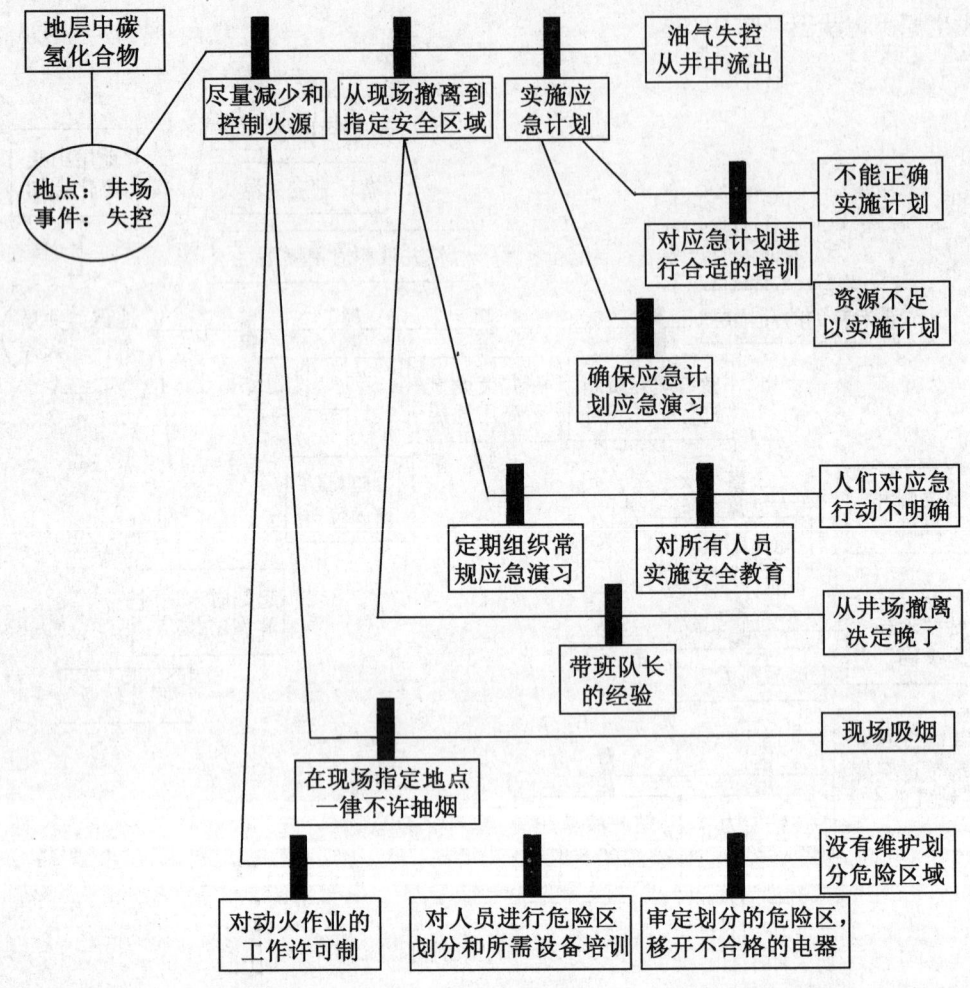

图 3-4 屏障设置树状图

(6) 高空作业人员坠落；

(7) 高空物品坠落（如大钩、游动滑车、天车、井架及井架附件、二层台附件）；

(8) 起吊重物坠落；

(9) 人员施工操作（如操作大钳）过程中造成物体打击危险；

(10) 机械伤害；

(11) 触电伤害；

(12) 食物中毒；

(13) 化学品中毒；

(14) 硫化氢中毒；

(15) 噪声伤害；

(16) 交通事故；

(17) 恶劣天气或大自然灾害造成的危险，如山洪、地震、雷击等；

(18) 环境污染：包括修建道路、井场对植被的破坏、作业及生活污水及有害气体对大气的污染；

（19）海上钻井的风险：如海浪、台风等恶劣天气的危害，平台倾斜，倒塌，撞船，迷航；

（20）社会环境带来的风险：如不法分子侵袭、战争、骚乱等。

2．相关作业风险

（1）测井作业风险：放射性伤害、射孔弹误发伤人危险、测井仪器落井危险；

（2）录井作业风险：使用的天然气样标瓶泄漏、野蛮装卸可能造成火灾爆炸、使用三氯甲烷等有毒物料可能造成中毒危险、使用强酸性物质可能造成人员皮肤腐蚀或烧伤危险等；

（3）定向井作业风险：测斜绞车伤人、定向井工具落井危险；

（4）固井作业风险：高压管汇泄漏可能造成人员伤亡、严重窜槽、未封住高压油气水层发生井喷危险；

（5）试油作业风险：管线爆裂、接头泄漏、井口采油树刺漏、压爆等；

（6）相关作业产生的废水、废渣、废气对环境的污染。

四、钻井作业中的危害和影响

1．钻井作业中的主要特定危害和影响

钻井作业除有常规的共同 HSE 危害外，还因其作业场所和工艺的特殊性具有特定的风险。通常应在工程项目调查的基础上，根据钻井作业的地理环境、自然气候、钻井设备和使用的原材料以及钻井工艺特点等因素，尽可能找出钻井作业不同阶段各环节所有潜在的隐患，发生 HSE 风险的可能性，确定其危害程度和影响后果。以便对钻井作业中 HSE 风险进行评价，制定出有效的风险削减措施。

与钻井作业有关的危害大致可归纳为两种类型：

（1）表现为重大或灾难性损失，造成人员伤亡、多个设施损坏和严重的环境破坏、财产损失或国内外声誉受挫；

（2）表现为现场工作秩序严重混乱，特别是增加作业时间如工程事故，以及任何可能导致财产或环境损害的事件。

钻井作业危害和影响的确定应根据钻井工艺的特点，从钻井过程的各个阶段和不同工艺环节识别对健康、安全与环境的危害和影响，包括：

（1）钻井井场施工前的准备工作（如修建井场、钻井设备运输及安装）对健康、安全与环境已经或可能产生的危害和影响；

（2）钻井正常进行时因工艺所带来的或潜在的各种对健康、安全与环境的危害和影响；

（3）钻井操作（如起下钻等操作）对健康、安全与环境的危害和影响；

（4）钻井过程中各种事故状态对健康、安全与环境的危害和影响；

（5）下套管固井作业对健康、安全与环境的危害和影响；

（6）测井作业对健康、安全与环境的危害和影响；

（7）完井、试油作业对健康、安全与环境的危害和影响；

（8）钻井施工结束后对周围健康、安全与环境的影响和可能存在的潜在危害因素。

表 3-1 列出了钻井作业中主要的特定危害和影响。

表 3-1　钻井作业中主要的特定危害和影响

项　目	主　要　危　害	主　要　影　响
修建井场	破坏植被	生态环境
修建海上钻井平台	造成海洋环境局部破坏	珊瑚礁和海洋生物
钻进	钻井设备产生噪声	人和动物的正常生活
起钻	井喷（潜在）	威胁人身及财产安全
下钻	井漏（潜在）	污染地下水源
井口操作	落物及意外事故	危害人身安全
井喷失控	着火（潜在）	威胁人和设备安全、污染环境
硫化氢溢出	毒性、着火、爆炸	威胁人和设备安全、污染环境
钻井液处理剂及原材料	腐蚀刺激皮肤、粉尘、毒性	危害人体健康
钻井液及作业污水	破坏环境	影响井场周围农作物、植物生长，污染地下水
固井作业	水泥失重诱发井喷	威胁人身及财产安全
测井作业	放射源泄漏（潜在）	危害人体健康、污染环境
试油作业	原油、烃类气体溢出、火灾爆炸	污染环境、威胁人身及财产安全
排出的钻屑及废浆	破坏环境	生态环境
设备维护、保养	产生废弃物、油污	污染环境
营地	产生生活垃圾	污染环境
井场周围干燥植物着火	火灾	危害人身及财产安全，影响栖息动物

2．井喷失控的危害和影响

井喷失控是钻井工程中性质最严重的灾难性事故，对健康、安全与环境的危害和影响是巨大的，造成井喷失控的直接原因主要有：

(1) 起钻抽汲，造成诱喷；
(2) 起钻不灌钻井液或没有灌满；
(3) 不能准确地发现溢流；
(4) 发现溢流后处理措施不当，井口不安装防喷器；
(5) 井控设备的安装及试压不符合要求；
(6) 井身结构设计不合理；
(7) 对浅气层的危害缺乏足够的认识；
(8) 地质设计未能提供准确的地层孔隙压力资料，使用了低密度钻井液，钻井液柱压力低于地层孔隙压力；
(9) 空井时间过长，又无人观察井口；
(10) 钻遇漏失层段未能及时处理或处理措施不当；
(11) 相邻注水井不停注或未减压；

(12) 钻井液中混油过量或混油不均匀，造成液柱压力低于地层孔隙压力；

(13) 思想麻痹，违章操作。

井喷失控的危害和影响包括以下几个方面：

(1) 打乱正常的工作秩序，影响全局生产；

(2) 使钻井事故复杂化，处理难度增加；

(3) 井喷失控极易引起火灾，影响井场周围居民的生命安全；

(4) 喷出的油、气、水及有害物质（如 H_2S）会造成严重的环境污染，危及人员的健康和安全；

(5) 伤害油气层，破坏地下油气资源；

(6) 井喷着火，造成机毁人亡和油气井报废，带来巨大的经济损失；

(7) 涉及面广，在国际、国内造成不良的社会影响。

1986 年 8 月中原油田卫 146 井发生强烈井喷，失控后，立即打乱了该局的正常工作。局领导主要成员亲临前线，组织指挥抢险工作。兄弟油田、地方政府和本油田的兄弟单位先后前来支援，组织了 800 多人参加的抢险队伍。熊熊烈火当场烧死 1 人，重伤 1 人（后因抢救无效牺牲），13 人不同程度烧伤。为扑灭大火，曾先后动用消防车 30 余辆。受污染的良田面积达 3000 余亩，损失惨重。

1989 年 1 月青海油田台南 2 井取心起钻途中，发生溢流，防喷器未能关住（岩心筒为 7″，而防喷器芯子为 5 ½″），发生严重井喷，大量气流泥砂喷出，把井口的岩心筒及 6 ¼″钻铤、转盘一起顶出 12m 高，并将转盘挂在井架大腿横拉筋上。3min 以后在二层台上起火。虽然抢关防喷器将火扑灭，但由于压力过大，将放喷管线内闸门芯子憋断，造成 1 人当场死亡，9 人受伤。两天后防喷器被刺坏，喷出大量气流和泥砂，喷高达 50～70m。该井经过 40 多天的抢险工作，利用间歇停喷时机抢注水泥封堵成功。但经济损失是严重的，井架底座、游动滑车、大钩、水龙头、转盘、全套液压防喷器及节流管汇、2 台振动筛、岩心筒、钻铤等报废，造成机毁人亡、全井报废的重大经济损失。

1970 年 7 月大港油田港 75 井循环钻井液时发生严重井喷，方补心冲出转盘，钻井液和砂石随着强大的气流喷至天车以上，随即由上而下起火，引起钻机、转盘、钢丝绳、气路管线、机房、地面等处的油污起火。起火后油井停喷，随后火熄灭。但不久又发生第二次强烈井喷，火柱冲天而上，迅猛异常，将钢丝绳烧断，钻具坠落至井底，游动滑车和大钩砸下，倒挂在水龙头上，水龙带随即烧坏，强大的火柱从水龙头鹅颈管喷出。约半小时以后井架倒向机房方向，整个设备被倒塌的井架压住。井架倒塌后，强大的天然气流将鹅颈管弯处刺穿，火分两股，一股直冲天空，高达数十米，一股冲向井架底座前面，火舌从地面卷起，高达 10 余 m，整个井场一片火海。原石油部军管会、天津市革委会、天津驻军和油田领导为扑灭大火都亲临现场，组织抢险灭火工作。油田驻军也投入了激烈的战斗。抢救人员先后达上万人次。但由于地面火势太大，人无法接近井口，不得不通过天津驻军调来炮兵，用大炮打掉水龙头鹅颈管，使火柱冲向天空。可见社会影响和经济损失是巨大的。

1958 年，四川长桓坝气田长 1 井，嘉陵江气藏井喷，气量超过 1000 万 m^3/d，损失天然气达 4.61 亿 m^3，占该气田总储量的 62%，致使该气藏几乎失去了开采价值。

3. 全球性钻井作业识别出的主要危害

以下是 IADC（国际钻井承包商协会）在北海地区识别出的主要危害及其他国际区域的

特殊的健康和环境问题：
(1) 浅层气（溢出）；
(2) 储层中的烃类（从储藏处喷出）；
(3) 钻井液体系中的烃类气体（着火或爆炸）；
(4) 测井过程中的烃类（着火或爆炸）；
(5) 化学处理剂形成的烃类、有毒物和腐蚀性物质（环境影响）；
(6) 硫化氢；
(7) 纤维物质（着火）；
(8) 易爆物（爆炸）；
(9) 高空重物（坠落）；
(10) 拉紧的物体（脱扣或结构损坏）；
(11) 直升机运输（失事）；
(12) 海上运输（牵引事故，碰撞或失稳）；
(13) 陆路运输（撞车）；
(14) 恶劣天气（风、浪、闪电）；
(15) 污水和钻井液；
(16) 疾病（井队和当地居民的传染）。

第二节　钻井作业 HSE 风险评估

风险评估或风险评价，是对系统存在的风险进行定性和定量分析，依据现存的经验、评价标准和准则，对危害进行分析，得出系统发生危险的可能性及其严重程度的评价。通过评价寻求最低事故率、最少的损失和最优的安全投资效益。

对所有钻井装置、设备（设施）、工艺、工作场地及生产作业实施风险评估，针对已确定的危害和影响进行评价，以判定其危险程度，为采取相应措施提供依据。

一、确定判别准则

判别准则是判断钻井活动中各种要素危害和影响的依据，各准则主要来自于以下几个方面：
(1) 国家、地方或有关部门制定的法律、法规；
(2) 钻井公司与承包方、反承包方等其他部门的合同约定；
(3) 钻井公司及其主管公司的健康、安全与环境方针和战略目标；
(4) 国际或国内有关钻井行业的各种标准。

判别准则应根据具体情况加以确定。例如河南石油勘探局在河南省境内，按照《污水综合排放标准》（GB 8978—96）中的要求，钻井废水的主要污染物 COD、石油类等，只要达到该标准的控制等级要求，即可排入外环境，该标准可作为一条定量标准来评价其影响和危害。但塔里木石油勘探开发指挥部在新疆焉耆盆地进行钻井作业时，由于该地区特殊的地理环境，有大量的水源对环境保护要求异常严格。根据该地区的环境主管部门——新疆环保局颁布的有关水环境保护条例要求，在该地区进行钻井作业时，产生的钻井废水不得外排，必须运往指定地区集中处理，因此该保护条例就是判别其钻井废水危害的一条重要准则。所以，对于同一活动，不同地区、不同部门其判别的准则也不尽相同。

在采用钻井新工艺或运行新设备期间，应确定相关活动的判别准则并评价是否符合标准。判别准则尽可能量化，要把钻井作业中对人、财产、环境和公司声誉的影响程度作为判断的准则。见表3-2、表3-3、表3-4、表3-5。

表3-2 对人的影响

潜在影响		定 义
0	没有伤害	对健康没有伤害
1	轻微伤害	对个人继续受雇和完成目前劳动没有损害
2	小伤害	对完成目前工作有影响，如某些行动不便或需要一周以内的休息才能恢复
3	重大伤害	导致对个人某些工作能力的永久丧失或需要经过长期恢复才能工作
4	单独伤害	个人永久丧失全部工作能力，也包括与事件紧密联系的多种灾难的可能（最多3个），如爆炸
5	多种灾害	包括4种与事件密切联系的灾害，或不同地点、不同活动下发生的多种灾害（4个以上）

表3-3 对财产的损害

潜在影响		定 义
0	无损坏	对设备没有损坏
1	轻微损坏	对使用没有妨碍，只需要少量的修理费用（低于1万元人民币）
2	小损坏	给操作带来轻度不便，需要停工修理（估计修理费用低于30万元人民币）
3	局度损坏	装置倾倒，修理可以重新开始工作（估计修理费用低于100万元人民币）
4	严重损坏	装置部分丧失，停工（停工至少2周或估计修理费用低于500万元人民币）
5	特大损坏	装置全部丧失，广泛损失（估计修理费用超过1000万元人民币）

表3-4 对环境的影响

潜在影响		定 义
0	无影响	没有财务影响，没有环境风险
1	轻微影响	可以忽略的财务影响，当地环境破坏在井场的范围内
2	小影响	破坏大到足以影响环境，单项指标超过基本的或预定的标准
3	局部影响	已知的有毒物质有限地排放，多项指标超过基本的或预设的标准，并漏出了井场范围
4	严重影响	严重的环境破坏，承包商或业主被责令把污染的环境恢复到污染前的水平
5	巨大影响	对环境（商业、娱乐和自然生态）的持续严重破坏或扩散到很大的区域，对承包商或业主造成严重经济损失，持续破坏预先规定的环境界限

表 3-5　对声誉的影响

潜在影响		定　义
0	无影响	没有公众反应
1	轻度影响	公众对事件有反应,但是没有公众表示关注
2	有限影响	一些当地公众表示关注,受到一些指责;一些媒体有报道和政治上的重视
3	很大影响	引起整个区域公众的关注;大量的指责,当地媒体大量的反面报道;当地或地区或国家政策的可能限制措施以及许可证使用影响;引发群众集会
4	国内影响	引起国内公众的反应;持续不断的指责,国家级媒体的大量负面报道;地区或国家政策的可能限制措施以及许可证使用影响;引发群众集会
5	国际影响	引起国际影响和国际关注;国际媒体大量反面报道,国际或国内政策上的关注;可能对进入新的地区得到许可证或税务上有不利,受到群众的压力;对承包商或业主在其他国家的经营产生不利影响

二、钻井作业 HSE 风险评价分析过程

根据钻井作业的特点,可在不同施工阶段实施不同的风险和应急准备分析。图 3-5 显示了风险评价总的分析过程。

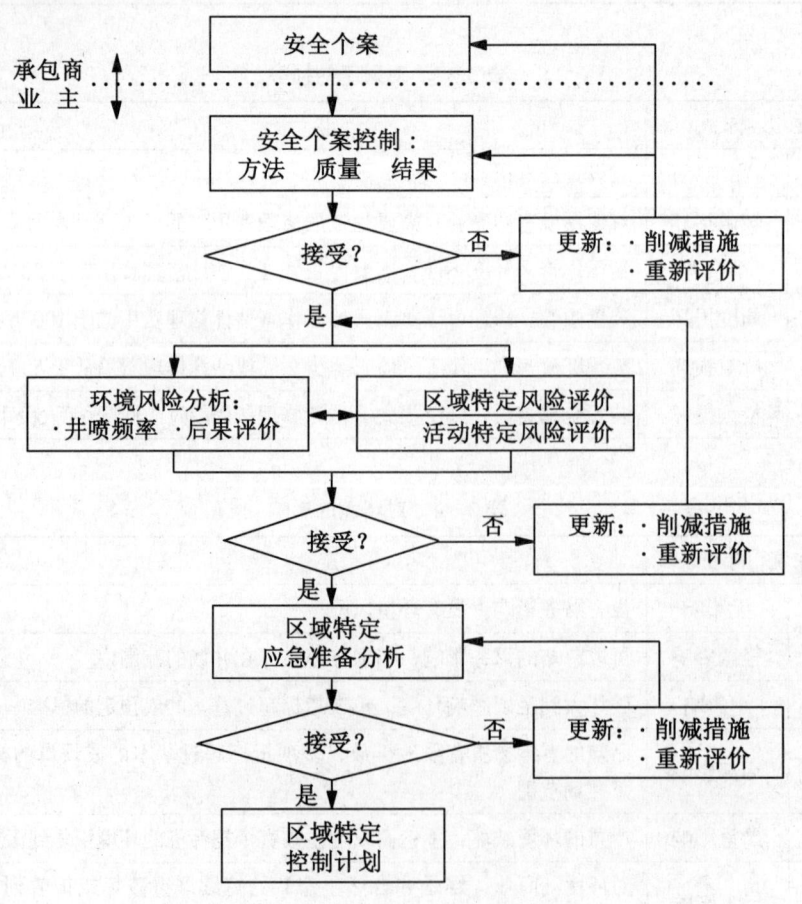

图 3-5　风险评价分析过程

1. 安全个案评估

安全个案评估是分析过程的第一步，目的在于检查和评估安全个案的执行情况，验证设备是否达到了人员、环境和物质设施可接受的安全水平，而与地点和油井的特定条件无关。

2. 环境风险分析

环境风险分析是分析过程的第二步，早期判断和严重井喷失控频率的专门分析，为环境影响后果的专门分析提供依据。

3. 区域特定风险和应急准备分析

区域特定风险和应急准备分析目的是为了确定和评估钻井设施作业区域的特定风险（如气候条件等）。

4. 活动特定风险评估

活动特定风险评估是分析过程最后和最详细的一步。这一分析以草拟的钻井程序为基础进行，目的是为当前钻井作业建立一幅油井特定风险简图。

三、风险评价方法

风险是发生几率和后果严重程度的函数，即风险水平是用事故可能发生的几率和可能导致危害的严重程度两个因素表示的：

$$风险 = 发生几率 \times 后果严重程度$$

进行风险评估时，无论采用何种评价技术，都需要考虑其发生的几率和潜在的事故后果严重程度。风险表述通常用定性和定量两种方法，如高、中、低和预期年损失或预期死亡率等。

1. 定性风险评价

常用的定性风险评价方法有：

（1）风险矩阵；

（2）检查表；

（3）安全工作分析；

（4）错误模式及影响分析；

（5）类比分析、预危险分析和危险度评价等。

2. 定量风险评价

常用的定量风险评价方法有：

（1）危害和可操作性研究（HAZOPS——Hazard and Operability Sdudies）；

（2）事故树或故障树分析（Event Tree or Fault Tree）；

（3）环境影响评价（EIA——Environmental Impact Analysis）；

（4）定量风险评价（QRA）等。

风险矩阵是一种以几率（暴露、频率及类似项）与后果的迭加来表示的风险图表，可直观地看出风险的高低及后果的严重程度，在定性风险评价和风险划分准则的图示中有着广泛的用途，在钻井作业风险的评价中常采用此种方法。

四、评价钻井作业 HSE 的危害和影响

在钻井作业 HSE 风险识别的基础上，确定了钻井活动中健康、安全与环境危害的影响因素后，对整个钻井活动作业区及影响范围的环境质量的现状及其将来的影响程度进行综合

环境评估,对钻井作业人员的健康、安全及钻井设备财产的安全的危害程度进行综合评估,并根据综合评估的结果提出相应的预防和减轻措施。

例如,Shell 公司在辽宁盘锦市双台子国家自然保护区准备进行一口探井的钻井施工前,根据该区特殊的环保要求,在施工前需对该活动进行严格的环境影响评价,钻井公司和评价单位结合当地环境特点(鸟类保护区),确定该活动对环境产生的各种危害和影响因素,采用合理的评估标准,评价出该活动对鸟类迁徙和栖息,以及生态环境影响的程度,并根据其评价结果,提出控制手段,即在无候鸟迁徙的 12~2 月份实施钻井活动。

表 3-6 显示了利用风险矩阵模型进行定性风险评价的实例,在矩阵中,后果对应风险率作图画出折线,与导致这一风险类型相对应。表 3-7 显示了钻井作业中严重事故危险顶级事件和结果。

表 3-6 风险评估分类表

程度	后果				几率增加				
	P	A	E	R	A	B	C	D	E
	人员	财产损失	环境影响	声誉受损	在EP钻井工业从未听说过	在EP钻井工业曾经发生过	在本公司发生过	在本公司每年发生数次	在典型年发生过多次
0	无伤害	无	无	无					
1	轻微伤害	轻微	轻微	轻微	加强管理持续改进				
2	较轻伤害	较轻	较轻	有限					
3	重大伤害	局部	局部	相当大			引入风险管理削减措施		
4	一人死亡	重大	重大	国内					
5	多人死亡	巨大	巨大	国际					不可忍受

表 3-7 风险评估表

序号	严重事故危险顶级事件和结果	风险分类表			
		P	A	E	R
1	地层烃类化合物: 井喷导致碳氢化合物泄露或火灾爆炸	!!	!!	!!	!!
2	气体碳氢化合物(试油设备): 试油期间火灾或爆炸	■	■	■	!!
3	塑料纤维材料: 营地火灾				
4	干燥植被: 苇田火灾			■	
5	常规爆炸物: 在钻台或坡道上存储期间意外引爆		■		
6	高空重物设备: 从吊车或井架上坠落	!!	■		
7	张力状态下的物体(结构): 结构毁坏(钻井钢丝、井架、刹车失灵)				
8	陆路运输: 倒班车道路交通事故	!!			
9	危险物运输: 泄漏	■		!!	!!

!! 不可承受	■ 可接受的最低程度	□ 低风险

第三节　钻井作业 HSE 风险分类及控制目标

一、钻井作业 HSE 风险分类

在钻井作业活动中，对健康、安全与环境影响的风险因素有多种形式，可采用以下几种方式划分钻井作业中的风险类型。

1．根据危害程度划分

(1) 根据钻井作业中对人、财、环境和声誉影响的后果可分为 6 级（见表 3-6），如人员伤亡情况：0 级—无伤害，1 级—轻微伤害，2 级—较轻伤害，3 级—重大伤害，4 级—1 人死亡，5 级—多人死亡。财产损失和环境影响：0 级—无，1 级—轻微，2 级—较轻，3 级—局部，4 级—重大，5 级—巨大。声誉受损：0 级—无，1 级—轻微，2 级—有限，3 级—相当大，4 级—国内，5 级—国际；

(2) 根据钻井活动中严重事故危险顶级事件和后果可分为"不可接受"、"可接受程度低"和"低风险"三级（见表 3-7）。

2．根据钻井施工阶段划分

(1) 钻井前期工作产生的风险，即开钻前的准备活动中，如平整井场造成对井场周围植被的破坏，钻井设备运输以及安装过程中的安全事故等；

(2) 钻井过程中产生的风险，即开始钻进至完钻整个钻井作业中产生的 HSE 风险，如钻井作业中产生的各种井下事故，钻井液及作业污水对环境的污染风险等；

(3) 钻井施工结束后产生的风险，如完井后未进行处理的废浆、钻屑及废弃材料对环境的污染。

3．根据钻井工艺环节来划分

(1) 钻进作业中的风险；

(2) 固井作业中的风险；

(3) 测井作业中的风险；

(4) 试油、完井作业中的风险等。

4．根据钻井作业中的危害对象来划分

(1) 设备风险，如设备故障导致的危害；

(2) 人员伤亡风险，如因各种事故或操作不当造成对人员的伤亡；

(3) 人员健康危害风险，如钻井作业流体对人员皮肤的危害，钻机噪声对人员听力的损害，有毒气体对人员健康的危害；

(4) 钻井作业中"三废"对环境的危害风险，如柴油机排出的废气以及钻井作业中排出的废水和废渣，对井场周围环境的污染。

综合运用上述分类方法，绘制出钻井作业 HSE 风险分级与分类图，有利于风险控制目标和风险削减措施的制定。

二、钻井作业 HSE 风险控制目标

钻井队（平台）在制定 HSE 风险控制目标时，应根据上级（总公司、局、公司）的

HSE 管理方针及控制目标，结合钻井活动所在的具体区域和钻井工艺要求，建立合理的、切合实际的、具体的 HSE 风险控制目标，使 HSE 风险管理工作贯穿于整个钻井施工过程中，以安全的、环境上可接受的要求进行钻井作业，使各种风险降至最低程度。

在制定管理目标时，应遵循"合理性、客观性、可验证性和可实现性"的原则。钻井作业 HSE 管理目标包括总体目标和具体目标两部分，前者为大的原则性目标，后者为具体甚至是可量化的目标。

1. 总体目标

（1）经常对员工进行健康、安全与环境保护方面的宣传、教育与培训，不断提高员工的健康、安全与环境保护的意识和水平；

（2）将健康、安全与环境保护管理工作贯穿于钻井施工的全过程，使各种风险降低至最低程度；

（3）创造安全和健康的工作环境，确保每位员工的健康与安全，提高工作质量；

（4）杜绝或尽可能减少环境污染，保护生态环境，把钻井作业中对环境的影响降低到最小程度；

（5）向无事故、无污染、树立一流企业形象的目标迈进。

2. 具体目标

根据总体目标，结合本井实际，制定出具体的、可达到或应该达到的健康、安全与环境管理目标。如：

（1）杜绝重大人身伤亡事故；

（2）杜绝井喷及井喷失控事故；

（3）杜绝重大环境污染事故；

（4）杜绝火灾、爆炸事故；

（5）其他事故率；

（6）污水排放量；

（7）污染治理率；

（8）污水达标排放率；

（9）员工体检合格率；

（10）员工 HSE 培训合格率等。

例如，某钻井队定出的 HSE 管理目标如下：

（1）定期进行职工健康、安全与环境的知识教育，不断增强职工健康、安全与环境意识，HSE 培训合格率达 100%；

（2）严格执行各项安全管理规章制度，杜绝死亡、重伤事故和重大工程、设备事故。不断增强井控意识，杜绝井喷和重大火灾、爆炸事故；

（3）尽可能减少环境污染，保护生态环境，把环境影响降低到最小程度。废水治理率、达标率达到 100% 以上，外排达标率达 100% 以上，杜绝重大环境污染事故；

（4）严格执行现场和营地管理制度，创建无害工作区，给职工创造一个良好的工作和生活环境，确保职工和周围居民的身心健康。

表 3-8 统计了全国主要油田 1988 底以前的井喷失控情况。

第三章 钻井作业 HSE 风险识别和评估

表 3-8 井喷失控情况统计表
（截止到 1988 年底）

油田		大庆	吉林	辽河	华北	大港	胜利	中原	河南	江汉	四川	新疆	青海	玉门	滇黔桂	合计
历年来井喷失控合计次数		13	4	39	4	14	31	14	4	1	47	34	14	10	1	230
历年来井喷失火合计次数/毁坏钻机合计台数		2/3	2/0	6/3	1/1	3/1	7/7	6/6	1/0	1/0	30/23	7/4	7/7	5/4	0	78/59
1978 年至 1988 年小计	井喷失控次数	5	3	28	4	14	24	14	4	1	8	16	8	3	1	133
	井喷着火次数	1	1	5	1	2	4	6	1	1	3	4	3	1	0	33
	井喷伤亡人数				死1伤3		死1伤6	死3伤18	伤3	0	伤9			伤2	0	死1伤6
	井喷经济损失/万元	118	100.5	1639.1	63	922.7		1390.5	76.1	0			1583.9		51.7	5946.5
1978 年	井喷失控次数			2		1		1	1		5		2			13
	井喷着火次数			2		1		1	1		1					6
	井喷伤亡人数										伤9					伤9
1979 年	井喷失控次数			1		1		2	1		1	1	1	1		9
	井喷着火次数										1					1
	井喷伤亡人数							伤3								伤3
	井喷经济损失/万元			38.6					4.5							43.1
1980 年	井喷失控次数			3		2		1	1		1	1		1		10
	井喷着火次数								1		1					2
	井喷伤亡人数															
	井喷经济损失/万元			132.3		198.8		15.7	69.1					1		415.9

续表

油田		大庆	吉林	辽河	华北	大港	胜利	中原	河南	江汉	四川	新疆	青海	玉门	滇黔桂	合计
1981年	井喷失控次数		1								1					3
	井喷着火次数										1					1
	井喷伤亡人数															
	井喷经济损失万元		0.5			186.8										187.3
1982年	井喷失控次数			3				1					1	1		6
	井喷着火次数			1				1								2
	井喷伤亡人数							伤3								伤3
	井喷经济损失万元			202.2				50								252.2
1983年	井喷失控次数			5	1	1		1		1						9
	井喷着火次数			1	1			0		1						3
	井喷伤亡人数															
	井喷经济损失万元			356.92	10	123.5										490.42
1984年	井喷失控次数	1		1	1	1							1	1		6
	井喷着火次数															
	井喷伤亡人数				伤2											伤2
	井喷经济损失万元	15		32.4	15	41.2										103.6

第三章 钻井作业 HSE 风险识别和评估

续表

油田		大庆	吉林	辽河	华北	大港	胜利	中原	河南	江汉	四川	新疆	青海	玉门	滇黔桂	合计
1985年	井喷失控次数	1		3		1		3	1			2	1			12
	井喷着火次数							2				2	1			5
	井喷伤亡人数															
	井喷经济损失 万元	20		126.8		118.3		419.81					700			1385.9
1986年	井喷失控次数	2		4		2		4	1			1	1			16
	井喷着火次数	1						1					1			3
	井喷伤亡人数							死2 伤13								死2 伤13
	井喷经济损失 万元	58		270.4	5	205.5		413	1.5				50			1003.4
1987年	井喷失控次数	1		3	1	3		1				3	2			15
	井喷着火次数		1		1			1				1	1			5
	井喷伤亡人数				死1 伤1			死1 伤2								死2 伤3
	井喷经济损失 万元	25	100	97.1	33	12.6		492					833.9			1593.6
1988年	井喷失控次数		1	3		1						4			1	10
	井喷着火次数			1		1										2
	井喷伤亡人数															
	井喷经济损失 万元			229.2		37									51.7	317.9

第四章 钻井作业 HSE 风险削减措施

钻井作业 HSE 风险削减措施就是根据钻井工艺的特点及所在地理环境和条件，利用先进的科学技术，采用一些有效的预防措施将风险降低至实际合理的最低水平或将无法承受的风险危害转化成中等以及可承受的水平。在制定风险削减措施时，主要考虑以下几方面的因素：

(1) 减少和预防事故发生的可能性；
(2) 限制事故的范围和发生的频率；
(3) 降低事故长期和短期的影响；
(4) 不正常情况升级为事故的因素；
(5) 实施风险削减措施的保障体系及代价等。

在钻井作业中应本着"安全第一，预防为主"的方针，建立一套完善的 HSE 保障体系，制定出具体的预防控制、消除险情的措施。钻井作业 HSE 风险削减措施的制定和实施，涉及到钻井施工过程中 HSE 管理的各个方面，既需要有削减风险措施的保障体系，也需要各级领导的承诺和人、财物的支持。同时，当有多种措施可用时，应通过综合经济分析来选择，使风险削减程度与风险削减过程的时间、难度和代价之间达到一种平衡，即将风险降低到"合理实际并尽可能低"的水平。有效地防止危害风险发生的措施，包括管理措施、硬件措施和系统措施。

第一节 管 理 措 施

钻井活动中的风险管理措施，是达到风险控制目标、保证风险削减措施的落实以及顺利实施钻井活动的重要保证。

一、管理措施的内容

管理措施应包括以下内容：
(1) 建立完善的钻井 HSE 风险防范保障体系和运行机制，保证有关风险削减措施的实施；
(2) 组织落实风险防范和削减措施必备的人、财、设备等必备条件和手段，并制定有关保护设备、工具的配制和采购计划；
(3) 识别钻井活动中各个阶段和不同工艺施工作业中可能产生的 HSE 风险，制定防止和削减措施；
(4) 制定钻井作业中各种险情和危害发生的应急反应计划以减少影响；
(5) 钻井安全生产管理措施应形成文件形式，以规定、制度和条例形式下发，指导钻井安全生产；
(6) 制定危害影响的恢复措施。在钻井作业中，某些危害是不可避免的，如修建井场对

井场及周围植被的破坏,若该井钻完未见油气或无开采价值,就应制定恢复措施;

(7) 对提出的风险防范、削减和恢复措施也可能产生的危害进行再识别和评估,以确定这些措施在风险控制目标中的作用;

(8) 监控措施。对钻井作业中的 HSE 风险控制和削减措施的实施实行全程监控,制定 HSE 监测与检查制度,定期对钻井队进行 HSE 方面的监测检查,如定期对钻井作业中排放的污水进行监测,对未达到排放标准的必须进行整改。

二、钻井安全生产指南

1. 钻井作业安全规程

1) 钻台操作

(1) 扶刹把:身体直立,距刹把 0.30m 左右,左手握手柄或支撑杆,右手掌心向下,虎口向操作台握刹把。钻进时目视钻井仪表与井口,其他作业时,目视游车系统的上下活动方向。

(2) 起空游车:右手握刹把,左手合离合器手柄挂低速挡,目视井口,间歇进气。待空吊卡起过井口钻具接头,绞车滚筒钢丝绳排列整齐后,换为高速挡。监视游车上行,近二层台时,放气一次,视滚筒上大绳的排列位置,摘掉高速挡。当井架工发出信号时,刹车。

(3) 放空游车:左手扶操作台支撑杆,右手握刹把。目视游车下行,距井口 3~4m 时减速,慢放吊卡至转盘,刹车。

(4) 起钻具立柱及其他管柱:右手握刹把,左手合离合器手柄挂低速挡。目视井口,挂好吊卡,缓慢上提游车。待大钩弹簧拉紧,上提钻具,目视指重表,余光看井口。待立柱下单根接头出转盘面,降油门,摘离合器,刹车。扣好井口吊卡或卡瓦,缓慢下放钻具坐于吊卡或卡瓦上。

(5) 下放钻具立柱:右手握刹把,左手合低速离合器手柄。上提钻具 0.20m,摘低速挡,刹车。井口人员将吊卡(卡瓦)移开后,目视指重表,余光看井口,下放钻具,吊卡距转盘面约 5m 处减速,平稳坐吊卡(卡瓦)于转盘面上。

(6) 提立柱出钻杆盒:井架工扣好吊卡,发出起车信号后,右手握刹把,左手合离合器手柄挂低速挡。间歇进气,提立柱至井口钻具上端面 0.20m,刹车。

(7) 提立柱入钻杆盒:将立柱提离钻具内螺纹接头约 0.20m,在内、外钳工配合下,缓慢下放立柱入钻杆盒,排列整齐,井架工开吊卡后,慢放游车过指梁。

(8) 挂水龙头:右手握刹把,左手合低速离合器手柄,目视大钩。在内、外钳工配合下,上提大钩挂水龙头。

(9) 卸方钻杆入鼠洞:卸扣完后,将方钻杆提离井口,在内、外钳工配合下,放入鼠洞。打开大钩后,慢放吊环至井口。

(10) 操作猫头:站在距刹把 0.80m 处及猫头回转危险区外,斜对猫头呈 45°夹角,左脚前,右脚后,目视猫头及井口。左手绕绳,右手理绳(内猫头则右脚前,左脚稍后,右手绕绳,左手理绳),余绳置于身体左(右)侧。

(11) 摩擦猫头松、卸扣:左手握猫头刹车手柄,右手握摩擦猫头手柄,目视井口,间歇进气,待吊钳拉紧,加大气压。松扣或紧扣后,立即摘掉摩擦猫头手柄。松扣作业时应同时合刹车手柄,刹车。

（12）钻井：右手握刹把，左手合转盘离合器手柄，目视钻井仪表及滚筒、井口，按规定参数均匀送钻。

（13）转盘卸扣：右手握刹把，目视井口。大钳松扣后，左手慢合转盘进气阀，卸扣。

（14）旋绳上、卸扣：拉旋绳上、卸扣时，逐圈排齐、拉紧，退绳迅速。

（15）吊钳紧扣、松扣：用一圈猫头绳使吊钳受力，逐圈排齐、拉紧，紧扣或松扣后，迅速退绳。

（16）方钻杆入鼠洞：方钻杆接头将入鼠洞时套上绳索，稳住猫头绳，入鼠洞后，慢慢松绳将方钻杆放至井口。

（17）方钻杆出鼠洞：方钻杆接头将出鼠洞时套上绳索，稳住猫头绳，出鼠洞后，慢慢松绳将方钻杆放至井口。

2）二层台操作

（1）作业准备：戴好保险带，检查钻杆钩、信号棒和各种绳索的固定情况及操作各栏杆、指梁是否牢固。

（2）起钻：当立柱起至二层台指梁时，发出停车信号。停车后绕好兜绳，待井口人员拉立柱进钻杆盒时，同时拉兜绳，使立柱靠近平台，系好兜绳。当吊卡下放离开接头时，迅速开吊卡，将立柱拉入指梁。目送游车过指梁后，排放好立柱。

（3）下钻：拉出立柱，靠于指梁前端，绕好兜绳，将活端固定好，吊卡升至指梁时发出停车信号。停车后，用左或右手扶推立柱进吊卡，右或左手迅速握吊卡活门手柄，扣好吊卡，发出起车信号。司钻提立柱时，慢松兜绳，协助井口人员对扣。

（4）二层台信号约定：用信号棒或钻杆钩敲击钻具：起车，敲一声；下放，敲二声；停车，敲三声；紧急情况，连续敲击。

3）井口操作

（1）操作姿势：内、外钳工身体直立相对站于转盘回转面外。

（2）操作"B"型吊钳：左手或右手握外钳或内钳的钳头手柄，右手或左手握住外钳或内钳的钳柄，左腿或右腿前弓，右腿或左腿后蹬。将吊钳扣在钻具接头上，反时针或顺时针方向推紧吊钳，两钳夹角应小于90°。吊钳拉紧后，立即退到转盘外，紧扣或松扣后，相互拉开吊钳，扶吊钳使其复位。

（3）操作液压大钳：身体直立，距大钳0.30m，右手扶钳头，大钳开口对准钻具接头，左手操作伸缩气缸手柄，缓慢进气（压油）。钳头到位后，右手扳动下钳气缸手柄（压油），使下钳咬紧钻具接头，随即左手启动上钳（低速）紧扣或松扣。再用右手操作，高速上扣或卸扣。完成后，反向转动上钳，使其复位。右手松掉下钳后扶住钳头，左手操作伸缩气（油）缸气柄。缓慢进气（压油），退回大钳。

（4）旋绳上、卸扣：理好旋绳绕于钻具接头上，留足余绳。内、外钳工同时扶绳圈至外螺纹接头上排列整齐。猫头绳拉紧后，外钳工退到安全位置。内钳工左手扶绳圈，右手托余绳，上、卸扣完成后，退掉余绳。

（5）立柱入钻杆盒：立柱提离井口钻具内螺纹接头，外钳工左手或右手用钻杆钩钩住钻具本体，双脚前后站立，用力向内拉。内钳工用手推立柱入钻杆盒，排列整齐，由外钳工编立柱号。

（6）立柱出钻杆盒：外钳工持钻杆钩钩住立柱，内钳工稳住立柱，放至井口，扶正钻具对扣。

(7) 提卡瓦：内钳工左手扶钻具，右手手心向上，握住卡瓦手柄。外钳工双手分别握住卡瓦手柄，将卡瓦夹在钻具上，随钻具一起提放好钻具后分开卡瓦往前推，内钳工用力提拉将卡瓦放在转盘上。

(8) 放卡瓦：当钻具距转盘面0.50m时，外钳工双手拉卡瓦，内钳工手推卡瓦，将卡瓦夹在钻具上，随钻具装入转盘内，卡住钻具。

(9) 卡安全卡瓦：外钳工双手握住安全卡瓦手柄，端平围于钻铤本体（距下端0.05~0.08m）外。内钳工插入销子，紧安全卡瓦螺栓。外钳工用榔头轻击各连接处，使牙板咬平。内钳工继续上紧螺栓。

(10) 卸安全卡瓦：内钳工用扳手卸安全卡瓦。外钳工双手握手柄，当内钳工抽出销子后，取出安全卡瓦，放于转盘外。

(11) 下钻挂空吊卡：内、外钳工各站于吊环一侧，抽出吊卡销子，将吊环拉出井口吊卡，移至空吊卡耳环内，插入销子，扶吊环。待吊卡起过井口钻具接头后，松开。

(12) 起钻挂井口吊卡：空吊卡下放至井口钻具接头约2m处，外钳工用手推吊环，内钳工拉吊卡，配合司钻将空吊卡放至转盘面，抽出保险销，拉吊环出空吊卡，挂入井口吊卡耳环内，插好保险销。

(13) 下钻开井口吊卡：上提钻具离开井口吊卡0.20m，刹车。外钳工打开活门后，内、外钳工推拉吊卡，移出井口。

(14) 起钻扣井口吊卡：立柱起出井口后，内、外钳工推拉吊卡至井口，外钳工扣好吊卡。

(15) 下套管：用绳套将套管拴牢，用吊车或气动绞车将其送至钻台。内、外钳工拉吊卡扣套管。游车提套管并带套管上钻台，内钳工扶套管，外钳工卸护丝取绳套。

(16) 卸钻具下钻台：将钻具放入小鼠洞，拉开吊环。用吊车或其他机械将钻具吊出鼠洞后，戴上护丝，推至坡道，放下钻台，用绷绳绷至井场。

(17) 操作气动绞车：目视吊物，待绳索拴牢挂上吊钩后，右手合气动绞车进气手柄，左手握刹车手柄，将其吊起至合适位置，下放就位。

4) 井控装置操作

(1) 司钻控制台关防喷器：左手拉开气源，右手扳动多功能防喷器手柄至关位，目视储能器压力变化，关住后松开手柄，立即扳动与井下钻具同尺寸的半封闸板手柄，停留8s后松开手柄，打开多功能防喷器。

(2) 远程控制台关防喷器：右手扳动多功能防喷器手柄至关位，目视储能器压力变化，关住后松开手柄，立即扳动与井下钻具同尺寸的半封闸板手柄，停留8s后松开手柄，打开多功能防喷器。

(3) 司钻控制台开防喷器：左手打开气源，右手握封井器手柄扳至开位，停8s后，再扳至中间位置。

(4) 远程控制台开防喷器：右手握封井器手柄扳至开位，停8s后，再扳至中间位置。

(5) 手动开防喷器：手动锁紧后，须先手动解锁。握住手轮，反时针旋转手轮到底，再回1/4圈。

(6) 开高压阀门：站立于高压阀门一侧，握住手轮，身体避开阀门螺杆方向，反时针旋转手轮到底,再回1/4圈。

(7)关高压阀门:站立于高压阀门一侧,握住手轮,身体避开阀门螺杆方向,顺时针旋转手轮到底,再回1/4圈。

5)配合吊车吊装

按 GB 5082 和 GB 6067 规定执行。

6)起停钻井泵

(1)启动:面对操作台,鸣气笛或打手势,示意泵房,间歇进气,目视泵压表,钻井液返出正常后,提高转速至规定参数。

(2)停泵:左手停泵,右手同时降低柴油机转速。

2.常规钻进安全技术规程

1)第一次钻进(指埋好导管后,下表层套管前的第一次钻进)

(1)鼠洞的位置、鼠洞管的斜度与出露钻台高度,应有利于钻杆的起放和摘挂水龙头操作方便。各型钻机的鼠洞管安装技术要求见表4-1。

表4-1 鼠洞管安装技术要求

钻机级别	距井口距离,m	鼠洞管斜度,(°)
60~80	2.2~2.5	6~7
45	2.2~2.5	6
32	2.5~2.75	7~8
20	——	——
15	——	——

(2)第一次钻进井眼要直,入井钻具必须符合 SY 5369 要求的质量标准。开孔钻头直径与导(套)管直径的配合尺寸见表4-2。

表4-2 开孔钻头直径与导(套)管直径配合尺寸

钻头直径	mm	660	445	400	346~311
	in	26	17½	15¾	13⅝~12¼
导(套)管直径	mm	508	339.7	324	273~245
	in	20	13⅜	12¾	10¾~9⅝

(3)第一次钻进开始,控制钻压不超过钻铤质量的60%。

(4)执行定深测斜制度,对易斜地层应采取满眼钻具或钟摆钻具组合等控制井斜措施。

(5)用减振器以减轻跳钻的危害,提高钻头和钻具的使用寿命。

(6)钻井液性能及其使用管理应符合钻井设计要求。

(7)钻进中应根据井下情况的变化和地面设备、仪表采集的信息变化,进行分析判断,及时采取相应措施,实现安全钻进。

(8) 钻达下表层套管深度时应及时进行测井和固井等作业。

2) 再次钻进 (指封固表层套管后的各次钻进)

(1) 再次钻进前必须先安装好井口装置,并找正天车、转盘和井口中心,固定牢靠。

(2) 钻完固定水泥塞,再次恢复钻进,应对套管采取保护措施:

①在钻铤未出套管鞋前,钻压不超过钻铤质量的 60%,转盘速度采用低转速;

②技术套管下入较深、再次钻进井段较长的井,应在钻杆柱上加橡皮护箍。

(3) 钻具组合应满足喷射钻井和防斜打直井技术要求,符合 SY 5172 有关规定。

(4) 使用 PDC 钻头和喷射钻头应根据实际情况,每次钻进进尺不超过 500m 或纯钻进时间不超过 40h 时进行短程起下钻,起出长度应超过新钻进井段,以防缩径卡钻。

(5) 钻井液的选择:

①必须使用优质钻井液,其性能应符合钻井设计要求和有关规定;应按照地质设计提供的地层孔隙压力,选择钻井液密度,并根据随钻监测的地层压力值及时调整,油层附加 $0.05g/cm^3$,气层附加 $0.07g/cm^3$;

②对长段泥岩地层,应进行矿物组分分析,并依此选择具有相应抑制性的钻井液体系;

③钻井液必须进行净化处理,按钻井设计要求控制固相含量,固控设备配备应有振动筛,除砂器和除泥器(或清洁器);

④钻井液性能应满足测井、测试要求,除特殊高矿化度钻井液体系外,钻井液滤液的电阻率值应符合测井要求。

(6) 钻进中应根据井内情况变化(钻速、钻井液性能、钻屑性能、钻井液体积和进出口流量等)和地面设备运转、仪表信息变化,判断分析异常情况,及时采取相应处理措施。

(7) 新牙轮钻头入井开始钻进时,应在钻头接触井底前 0.5~1.0m 先开大排量清洁井底,然后采用轻压(10~20kN)、适当转速(50~60r/min)钻进 0.2~1.0m 或 10~30min,然后再逐渐增至正常钻压和转速,禁止加压启动转盘。

(8) 新金刚石钻头入井开始钻进时,应在钻头接触井底前 0.5~10m 先开大排量清洁井底,然后采用轻压(10~20kN)、适当转速(40~50r/min)钻进 0.5~1.0m 或 10~30min,再逐渐恢复到正常钻压和转速。

(9) 钻进中出现下列情况之一时应终止钻头使用:

①钻头在井底工作有异常,如突发性跳蹩钻、钻速突降、转盘扭矩增大等,经处理无效;

②钻头在井底工作正常,但钻头经济曲线率变化超过允许范围;

③钻井泵泵压突变,已判断为循环短路、钻头喷嘴脱落或堵塞;

④发生严重溜钻。

(10) 使用金刚石钻头时井底必须无金属落物。不允许用金刚石钻头划眼。

(11) 长井段的划眼或扩眼时应采用铣齿牙轮钻头。如用镶齿钻头划眼时,转速应控制在 60r/min 以下。

(12) 钻具在井内静止时间不得超过 3min,防止粘附卡钻。

(13) 安全钻达下技术(油层)套管深度后,应根据钻井设计要求,及时进行测井、固井等其他作业。

3) 接单根

(1) 接单前应做好单根和井口工具、材料的检查准备。

(2) 卸方钻杆必须用双吊钳（或动力吊钳）旋松螺纹后，再用转盘低速（10~20r/min）卸开螺纹。不允许只用单吊钳转盘冲击松开螺纹。

(3) 采用小鼠洞接单根时，必须用吊钳按规定力矩旋紧连接螺纹，操作时应注意防止单根和方钻杆的连接螺纹退松。

(4) 接单根时必须有防落物入井措施。

(5) 接好单根和方钻杆连接螺纹后，应先开泵建立正常循环，才能下放钻杆恢复钻进。

4）起下钻

(1) 起下钻前应按照操作岗位进行责任分工，做好仪表、工具、器材和安全保护设施的检查，井口操作必须有防落物入井措施。

(2) 起钻前应根据井眼条件、机械钻速、钻井液性能和地质录井资料要求，充分循环洗井、清洁井筒。

(3) 起下钻应根据钻机载荷、钻柱质量、井眼条件，采用双吊环或卡瓦操作。在井深大于1000m或大钩载荷大于300kN时，用双吊卡加小方补心或用长钻杆卡瓦。

(4) 起下钻铤必须同时使用提升短节（或提升接头），卡瓦和安全卡瓦提升短节和钻铤连接螺纹必须用吊钳（或动力吊钳）旋紧。安全卡瓦应卡在距卡瓦上部0.05~0.10m处。禁止用转盘旋卸钻铤螺纹。

(5) 钻具联结螺纹应按SY 5369规定的最佳扭矩值旋紧。应采用带有直接扭矩仪的动力吊钳旋卸钻具螺纹。

(6) 连接钻具螺纹必须采用符合SY 5198规定性能指标的润滑脂。

(7) 螺纹连接前必须保持螺纹清洁完好。

(8) 起钻应定时定量向井内灌注钻井液，可采用自动平稳灌注装置或每起出3~5立柱钻具时注入与起出钻具体积相当的液量。若灌不进时应接方钻杆循环。

(9) 在油、气、漏层部位及其以上200m井段必须降低提放钻具的速度，其值应不大于0.5m/s。

(10) 下钻应用限速措施。下钻大钩载荷超过300kN应挂上水刹车（或用电碰刹车制动）。

(11) 起下钻在复杂卡阻井段应降低速度。阻卡载荷超过当时钻具悬重50~100kN时，要及时采取措施，彻底消除阻卡后才能恢复正常工作。

(12) 井下不正常或深井段下钻应根据情况分段进行循环钻井液。

(13) 钻具下完接方钻杆后，先开泵循环正常后再转入正常作业。

5）换钻头

(1) 上卸钻头应用吊钳和专用钻头装卸器。钻头螺纹先用人工引扣，再用吊钳旋紧，不得猛拉猛绷，防止损坏钻头。卸钻头先用吊钳旋松螺纹，再用转盘低速（10~12 r/min）卸开。不得用转盘绷开螺纹。

(2) 连接钻头螺纹必须用标准螺纹润滑脂，并按规定螺纹扭矩值上紧。

(3) 应根据超出钻头磨损情况和使用效果，结合被钻岩石的可钻性选择入井钻头类型和钻头工作参数。

(4) 牙轮钻头入井前必须检查钻头直径、轴承间隙、牙轮平面度、牙齿、连接螺纹质量、焊缝质量。喷射钻头应检查喷嘴安装质量和储层囊储油情况。

(5) 刮刀钻头入井前必须检查钻头直径、连接螺纹质量、刀片高度差，合金块及刀片焊接质量、喷嘴质量等。

(6) 金刚石钻头入进前应检查钻头直径、胎体与钢体焊缝质量、金刚石或切削块烧结质量、水眼套安装质量和连接螺纹质量。

(7) 出入钻头应进行钻头直径检查，起出的钻头磨损严重时应及时采取划眼措施。

6）钻水泥塞

(1) 钻水泥塞宜用尖钻头或铣齿牙轮钻头，钻具结构可采用加重钻杆或加 1~2 柱钻铤。

(2) 钻水泥塞和套管附件，钻压 1.5~2kN，钻速低于 60r/min，并保持环空上返速度：244.5mm（9 $\frac{5}{8}''$）以上井眼不低于 0.6m/s；244.5mm（9 $\frac{5}{8}''$）以下井眼不低于 0.8m/s。

(3) 钻完套管金属附件后，应采用强磁打捞器加钻具打捞杯清理井底。

(4) 钻水泥塞的钻井液应具有高钙污染性能。

(5) 钻水泥塞出套管鞋后，应根据钻井设计要求，进行套管鞋地层破裂压力试验。

(6) 钻完水泥塞恢复钻进，在钻铤未出套管鞋前应采取轻压（2~3kN），转速不超过 60r/min，环空上返速度：244.5mm（9 $\frac{5}{8}''$）以上井眼不低于 0.6m/s；244.5mm（9 $\frac{5}{8}''$）以下井眼不低于 0.8m/s。

7）钻开油气层的准备

(1) 钻开油气层前必须按钻井设计要求和 SY 5225 规定的有关内容逐项检查合格。

(2) 井口防喷器和配套的井控系统应符合钻井设计要求，其压力等级应和地层压力匹配，防喷器芯子尺寸必须与井内钻具一致。

(3) 井控设备的安装质量必须满足油气层安全钻进需要。防喷管线布局要考虑当地季节风向、居民区、道路和其他重大设施情况，应接出井口不少于 75m，管线弯度夹角不少于 120°，每隔 10~15m 应打水泥基墩，用卡子固定牢靠。

(4) 井口设备应定期采用堵塞器清水整体试压，并做稳压检查。环形防喷器试压到额定工作压力的 70%，节流压井管汇、闸板防喷器及其以下部件，试压到闸板防喷器的额定工作压力。

(5) 钻井队工作人员必须了解掌握井控设计和井控安全操作规定。

(6) 钻井液性能符合设计要求，要有足够的钻井液加重剂和处理剂的储备。

(7) 各种井控设备、专用工具、消防设施、电路系统配备齐全，运转正常。

(8) 落实关井程序、操作岗位和钻井队干部 24h 值班制度。井队上岗人员必须具有井控操作证。

(9) 钻井队每个生产班要进行防喷井控演习，并达到规定的演习要求。

8）油气层正常钻进

(1) 应配备方钻杆上、下旋塞阀和钻具止回阀。

(2) 钻进中应进行油气层压力监测预报工作。遇到钻速突然加快、放空、进漏、整钻、跳钻、气测异常、油气水显示等情况，应立即停钻循环观察或关井观察。

(3) 钻开油气层后，应根据显示情况进行相应的短程起下钻。起下钻应控制速度。起钻要及时灌满钻井液，并校核灌注量。

(4) 应定期进行井控装置和井控防喷演习，检测演习频率不少于每月 2 次。每次起下钻应开关闸板防喷器一次。

(5) 钻进中要有专人观察和记录钻井液的体积变化，发现溢流应按规定的关井程序迅速关井。关井压力不得超过井控装备额定工作压力、套管抗内压强度、地层破裂压力三者中最小值的80%，根据关井压力值确定重建井筒平衡的压井液密度。

(6) 应定深、定时采集钻井数据和钻井液性能参数，发现油气显示应加密各种参数信息的采集。

(7) 定期测试取得低冲数排量下的循环泵压，作为溢流井喷压井时计算循环压力的依据。

(8) 冬季钻进，寒冷地区必须采取防冻措施，特别要防止防喷器系统及节流压井管汇冻结失灵。

(9) 严格执行发现和保护油、气产层措施的有关规定。

3. 含硫油气田安全钻井法

1) 井场及钻机设备的布置

(1) 进行钻前工程前，应从气象资料中了解当地季节风的风向。

(2) 井场及钻机设备的安放位置应考虑季节风风向。井场周围要空旷，尽量在前后或左右方向能让季节风畅通。钻机设备及井场布置见图4-1。

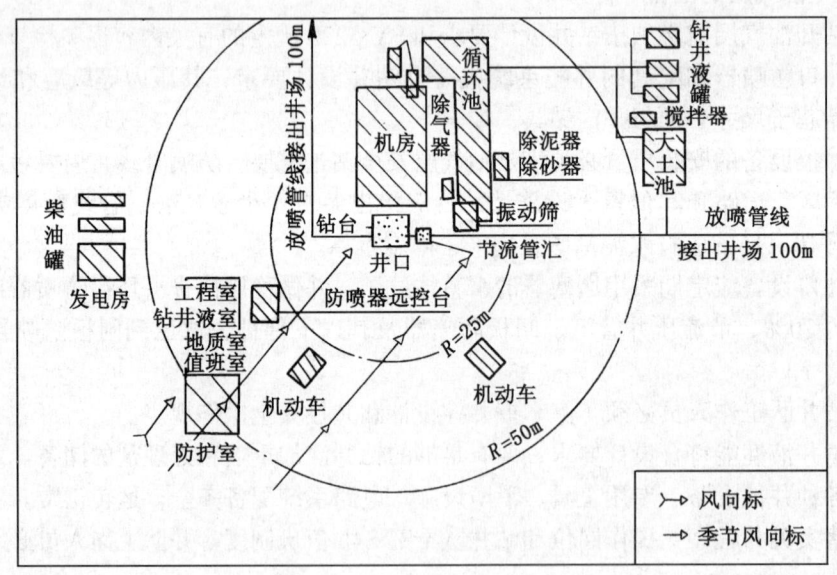

图 4-1 钻机设备及井场布置

(3) 测井车等辅助设备和机动车辆，应尽量远离井口，至少在25m以外。

(4) 井场值班室、工程室、钻井液室等应设置在井场季节风的上风方向。

(5) 在季节风上风方向较远处专门设置消防器材室，配备足够的防毒面具和配套供氧呼吸设备。供氧呼吸设备要求在空气中无论含任何浓度的硫化氢，都能给钻井人员以保护，当氧气不足时还能发出警告信号。所有防护器应放在使用方便、清洁卫生的地方，并定期检查以保证这些器具处于良好的备用状态，同时做好记录。

(6) 在井架上、井场季节风入口处、消防器材室等地应设置风向标。一旦发生紧急情况

（如硫化氢浓度超过安全临界浓度），钻井人员可向上风方向疏散。

（7）在钻台上、下，振动筛等硫化氢聚积的地方，应安装排风扇，以驱散工作场所弥漫的硫化氢。

（8）进入气层前50m应将二层台设置的防风护套和其他类似围布拆除。

（9）井场所有用电线路、设备、照明器具的铺设和安装应符合SY 5225—87中2.2"井场及钻井设施"和3.2"井场装置"的规定。

（10）确保通讯系统24h畅通，尤其是与上级调度的联系不能中断。

2）硫化氢的监测

（1）在井场硫化氢容易积聚的地方，特别是方井、循环池、振动筛附近和钻台等常有钻井队人员的地方，应装有硫化氢监测仪及音响报警系统，且能同时开启使用。

（2）当空气中硫化氢含量超过安全临界浓度时，监测仪能自动报警，其音响应使井场工作人员皆能听到。二层台应装音响报警器。

（3）含硫地区的井队，井场工作人员必须配备便携式硫化氢监测器。

（4）硫化氢监测仪应进行周检和强检。

（5）钻入气层时应加密对钻井液中硫化氢的测定。

（6）在新构造上钻第一口探井时，应采取相应的措施来监测和预防硫化氢。

3）井控设备的安装

（1）根据地层的压力梯度配备相应压力等级的防喷器组合及井控管汇等设备，并按要求进行安装、固定和试压。

（2）钻井井口和套管的连接以及每条防喷管线的高压区都不允许焊接。

（3）放喷管线应装2条，其夹角为90°，并接出井场100m以外（见图4-1），若风向改变时，至少有1条能安全使用。

（4）压井管线至少有1条在季节风的上风方向，以便必要时放置其他设备（如压裂车等）作压井用。

（5）井控设备（和管材）在安装、使用前应进行无损探伤。

（6）井控设备（和管材）及其配件在储运过程中，需采取措施避免碰撞和被敲打；应注明钢级、严格分类保管并带有产品合格证和说明书。

4）井控设备材质

（1）钢材：钢的屈服极限不大于655MPa，硬度最大为HRC22。若需使用屈服极限和硬度比上述要求高的钢材，必须经适当的热处理（如调质、固溶处理等）并在含硫化氢介质环境中试验，证实其具有抗硫化氢的腐蚀性能后，方可采用。

（2）非金属材料：凡密封件选用的非金属材料，应具有在硫化氢环境中能长期使用而不失效的性能。

5）钻井设计的特殊要求

（1）在含硫地区的钻井设计中，应注明含硫地层及其深度和预计含量。

（2）若预计硫化氢分压大于0.21kPa时，必须使用抗硫套管、钻杆等其他管材。

（3）当井下温度高于93℃，套管和钻铤可不考虑其抗硫性能。

（4）高压含硫地区可采用厚壁钻杆。

（5）钻开含硫地层的设计钻井液密度，其安全附加密度应选用规定的钻井液密度：油井

$0.05\sim0.10g/cm^3$、气井 $0.07\sim0.15g/cm^3$ 的上限值。

（6）井队必须有足量的高密度钻井液（超过钻进用钻井液密度 $0.1g/cm^3$ 以上）和加重材料储备。高密度钻井液的储存量一般是井筒容积的 $1\sim2$ 倍。

（7）在钻开含硫地层后，要求钻井液的 pH 值始终控制在 9.5 以上，并选用相适应的加重材料。若采用铝制钻具时 pH 值不得超过 10.5。

（8）严格限制在含硫地层用常规式中途测试工具进行地层测试工作，若必须进行时，应减少钻柱在硫化氢中的浸泡时间。

（9）必须对井场周围 2km 以内的居民住宅、学校、厂矿等进行勘测，并在设计书上标明位置。在有硫化氢溢出井口的危险情况下，应通知上述单位人员迅速撤离。

6）钻井安全操作

（1）必须制定一个完整的对井队进行救援的计划。在进入气层前应和医院、消防部门取得联系。

（2）在即将钻入含硫地层时，应对钻井队进行一次防硫化氢安全教育，并向当班的各岗位人员发出警告信号。

（3）在高含硫地区即将钻入油气层和在油气层中钻进时，以及发生井涌、井喷后，应有医生、救护车、公安人员在井场值班。

（4）严格按设计钻井液密度配制钻井液。未征得上级技术部门的同意，不得修改设计钻井液密度。经随钻压力监测发现地层压力异常时，应及时调整钻井液密度以保持井内压力平衡。

（5）做到及时发现溢流显示，迅速控制井口，并尽快调整钻井液密度压井。

（6）利用钻井液除气器和除硫剂，控制钻井液中硫化氢的含量在 $75mg/m^3$ 以下，并随时对钻井液的 pH 值进行监测。

（7）在油气层和油气层以上起钻时，前 10 根立柱起钻速度应控制在 0.5m/s 以内。

（8）在油气层和钻过油气层进行起下钻作业时，必须进行短程起下钻。

（9）在含硫地层取心起钻，当取心工具离地面还有 5 柱时，钻台作业人员应戴上防毒面具，直到取出岩心筒。

（10）钢材，尤其是钻杆，其使用拉应力需控制在钢材屈服极限的 60% 以下。

（11）在油气层钻进时，若在井场动用电、气焊，必须采取绝对安全的防火措施，并报上级安全部门批准。

（12）当在硫化氢含量超过安全临界浓度的污染区进行必要的作业时，必须配带防护器具，且至少有 2 人同在一起工作，以便相互救护。

（13）井队在现有条件下不能实施井控作业而决定放喷点火时，点火人员应配带防护器具，并在上风方向，离火口距离不得少于 10m，用点火枪远程射击。

（14）控制井喷后，应对井场各个岗位和可能积聚硫化氢的地方进行浓度检测。只有在安全临界浓度以下时，人员方能进入。

7）钻井人员的安全钻井培训

（1）培训工作包括井控技术培训和硫化氢防护技术培训。钻井人员只有取得井控培训的合格证者，才有资格在含硫地区从事钻井作业。

（2）在钻井作业中，应进行含硫化氢井喷演习，包括配带防护器具进行井控作业及人员救护等工作。

4. 钻井设备拆装安全规定

1) 安装、拆卸的基本要求

(1) 上岗人员应按规定穿戴好劳动防护用品。

(2) 高处作业应系好安全带。工具应拴好保险绳。零配件应装在工具袋内,工具、零配件不得上抛下扔。

(3) 高处作业的正下方及其附近不应有人作业、停留和通过。

(4) 采用专用起重机吊装、拆卸设备时的指挥信号应符合 GB 5082 中第 2、3、4、5 章的规定。

(5) 不应用电（液、气）动绞车和起重机等起重设备吊人上下。起重设备不应超载荷工作。

(6) 抽穿钢丝绳、绞车上下钻台等作业应有专人指挥,明确指挥信号和口令。

(7) 绞车滚筒用钢丝绳应符合 SY 5170 中第 4.1.4、4.3.4、4.3.5 条的规定,且应无打扭、接头、电弧烧伤、退火、抗压扁等缺陷。每捻距断丝不超过 12 丝。

(8) 所有受力钢丝绳应用与绳径相符的绳卡卡固,方向一致,数量达到要求,绳卡的鞍座在主绳段上。

(9) 起重吊装设备时不应用手直接推拉,应用游绳牵引。

(10) 遇有六级以上（含六级）大风、雷电或暴雨、雾、雪、沙暴等能见度小于 30m 时,应停止设备吊装拆卸及高处作业。

(11) 冬季气温低于 0℃ 的地区,油、气、水、放喷管线及节流、压井、钻井液管汇和钻井泵安全阀应采取包扎,下沟覆土或锅炉供暖等保温措施。

(12) 不应在井架任何部位放置工具及零配件。

(13) 井架上的各承载滑车应为开口链环型或为有防脱措施的开口吊钩型。

(14) 各处钢斜梯宜与水平面成 40°～50°角,固定可靠；踏板呈水平位置；两侧扶手齐全牢固。

(15) 吊装、搬运盛放液体的容器时,应将容器内液体放净,并清除残余物。

(16) 搬迁车辆进入井场后,吊车不应在架空电力线路下面工作。吊车停放位置（包括起重吊钻杆、钢丝绳和重物）与架空线路的距离应符合 DL 409 中的有关规定。

(17) 各种车辆穿越裸露在地面上的油、气、水管线及电缆时,应采取保护措施,防止损坏管线及电缆。

(18) 在井场内施工作业时,应详细了解井场内地下管线及电缆分布情况,防止损坏油、气、水管线及电缆。

(19) 井场值班房、发电房、油罐区距井口不少于 30m。发电房与油罐区相距不少于 20m。锅炉房距井口不少于 50m。

2) 钻台设备及辅助设备的安装与拆卸

(1) 穿抽钢丝绳。

①穿钢丝绳前应检查游车的滑轮转动及松动情况,并将游车固定于井架大门前井架底座上,"A"型井架穿钢丝绳前应将游车放置于规定的位置。

②穿钢丝绳前钢丝绳应与棕绳连接牢固。

③钢丝绳应放在专用的架子上,边穿边转动。

④用人力拉棕绳引绳上井架时,上下工作人员应密切配合,防止棕绳与井架摩擦而发生意外。

⑤不应用拖拉机穿钢丝绳。

⑥绞车滚筒用钢丝绳死绳端缠绕固定器时应按规定的圈槽排满,用压板加双螺母紧固,并加2只绳卡卡牢。

⑦开槽的绞车滚筒初始缠绳不应少于 $1\frac{3}{4}$ 层,不开槽的绞车滚筒初始缠绳不应少于 $1\frac{1}{8}$ 层。

⑧抽钢丝绳应用棕绳牵引或用专用装置,不应让其自由下落。

(2)绞车上、下钻台。

①起吊绞车应用2根等长直径为26mm钢丝绳套,牵引绳套应用直径为19mm钢丝绳,两端各卡3只绳卡。

②绞车上、下钻台用的导向滑轮,公称载荷应不少于200kN,转动应灵活,并用直径不小于19mm的钢丝绳固定于井架底座,钢丝绳缠绕底座4圈后用3只绳卡卡牢。

③拖拉机应工作正常,刹车、牵引架、牵引钩可靠。

④天车、游车的滑轮转动灵活。

⑤井架大门上方的钻杆固定牢固。

⑥游车穿大销子后,加穿保险销。

⑦在牵引钢丝绳的两侧各10m内,不应有人停留和工作。

⑧拖拉机工作时两侧的门应打开。

⑨总指挥员应站在井架梯子上指挥,不应站在钻台上指挥。

⑩上起游车时,大门前的拖拉机应绷拉游车。游车的护罩必须齐全完好。

⑪绞车就位后,应先将钢丝绳卡牢,再松开活绳头,活绳端用专用压板加2只绳卡固定牢固。

(3)绞车、辅助刹车的安装。

①绞车宜采用直径为127mm的钢管压杠2根,8只直径为36mm提环螺栓加方木固定,四角用直径为19mm的钢丝绳2根和花蓝螺栓固定,或用"U"型螺栓固定。

②绞车安全装置安装应符合SY 5876中第3.3.1.5条中a~h款的规定。

③绞车安装后其他技术要求应符合SY/T 5532中第4章的有关规定。

④绞车护罩、转盘链条护罩、传动链条护罩齐全完好,固定牢固。

⑤辅助刹车安装牢固,不渗不漏;水刹车离合器摘挂灵活;电磁涡流刹车电气部分应由持证电工安装。

(4)塔形井架用绞车的拆卸。

①绞车下钻台前应将相边的链条、护罩、管线、绳索及绞车固定件拆除。

②绞车下钻台应符合钻井设备拆装安全规定中第4.2.1~4.2.9条的要求。

③绞车落到地面后,用拖拉机拉游车,拉绳应拴牢。游车下放到地面后用绳索将游车固定于井架底座上。

(5)转盘的安装。

转盘四角用直径为19mm的钢丝绳两圈及花蓝螺栓与井架底座拉紧,或按说明书规定安装。其他安装技术要求应符合 SY 5876 中第 3.3.11、3.3.12 条的规定。

(6) 大钩与吊环。

①大钩钩身、钩口锁销应操作灵活，大钩耳环保险销齐全，安全可靠。

②大钩的其他技术要求应符合 SY/T 5529 中第 5.5、5.6 条的规定。

③吊环无变形、裂纹，保险绳用直径为 13mm 钢丝绳绕三圈，卡 3 只绳卡。

(7) 水龙头及风动旋扣短节。

①鹅颈管法兰盘密封面平整光滑。

②提环销锁紧块完好紧固。

③各活动部位转动灵活，无渗漏。

④风动旋扣短节的风动马达固定应牢固，旋扣短节的外壳用直径为 13mm 的钢丝绳与水龙头外壳连接牢。

(8) 小绞车的安装。

①电（液、气）动绞车的安装应牢固、平稳、刹车可靠，吊绳用直径为 16mm 的钢丝绳，配两片反向吊钩。

②电动绞车应有防水和防触电等措施。

(9) 大钳。

①大钳的钳尾销应齐全牢固，小销应穿开口销。

②"B"型大钳的吊绳用直径为 13mm 钢丝绳，悬挂内、外钳的滑车其公称载荷应不小于 30kN。滑车固定用直径为 13mm 的钢丝绳绕两圈卡牢。大钳尾绳用直径为 22mm 的钢丝绳固定于井架大腿上，内钳尾绳长 7m，外钳尾绳长 8m，两端各卡 3 只绳卡。

③液气大钳的吊绳用直径为 16mm 的钢丝绳，两端各卡 3 只绳卡。

④液气大钳移送气缸固定牢固，各连接销应穿开口销。

⑤悬挂液气大钳的滑车其公称载荷应不小于 50kN。

(10) 防碰天车。

①气动防碰天车的引绳用直径为 13mm 钢丝绳，上端固定，下端用开口销连接，松紧适当，不与井架、电缆摩擦。

②机械防碰天车灵敏、制动快。重砣用直径为 13mm 的钢丝绳悬吊于钻台下，距地面不应小于 2mm。

③防碰天车挡绳距天车滑轮不应小于 6mm。

3) 机房设备安装、拆卸

(1) 机房设备的安装。

①安装基础应符合 SY/T 5048 规定。

②动力输出联接应符合 SY/T 5048 规定。

③各底座连接螺栓及柴油机、联动机固定压板应加双螺母拧紧；万向轴两端连接螺栓必须加簧垫拧紧；联动机顶杠应灵活好用，锁紧螺母拧紧。

④所有管路应清洁、畅通，排列整齐，各连接处应密封，无渗漏。

⑤压缩空气应净化处理。

⑥燃油供应系统按 SY/T 5048 执行。

⑦油罐至机房、发电房的油管线埋地深度应不小于 200mm，或用钢管护套穿越道路。

⑧柴油机周围1.5m、水箱前2m范围内不应安装其他装置或堆放物品。
⑨柴抽机的各种仪表完好、灵敏、准确,油温、水温、机油压力符合要求;机体无渗漏。
⑩压风机、空气干燥装置的安全阀、压力表灵敏可靠。
⑪截止阀、单向阀、四通阀灵活好用。
⑫所有护罩齐全、牢固。

(2) 机房设备的拆卸。
①拆卸前应先切断电源,拆下全部油、气、水管路、分类存放。
②21吊装不带底座的Z12V-190B型柴油机单机时,要通过机体前后端面上的起直吊挂,用起吊杠和钢丝绳吊装,不应在其他部位吊装。搬运时柴油机与其支架要用螺栓紧固。
③吊装带底座的Z12V-190B型柴油机配套机组时,要通过底座前后的起重吊环用钢丝绳吊装,不应通过机体上的部位吊装。
④起吊柴油机的钢丝绳长度要适宜,吊钩的位置要高出排气管总管上平面1m以上。吊装时钢绳不应与柴油机零件直接接触。
⑤搬运时应将与柴油机相连接的外排气管、万向轴等附加装置全部拆除,传动皮带应用棕绳绑扎牢固;并将柴油机上所有的油、水、气进出口用塑料布或其他合适的材料密封。

4) 钻井泵的安装与拆卸
(1) 钻井泵就位时应用两根等长的直径不小于19mm的钢丝绳吊装。
(2) 钻井泵找平、找正后,泵与联动机之间用顶杠顶好并锁紧,转动部位应采用全封闭护罩,固定牢固无破损。
(3) 钻井泵的安全阀应垂直安装,并戴好护帽。
(4) 钻井泵安全阀杆灵活无阻卡。剪销式安全阀销钉应按钻井泵缸套额定压力穿在规定的位置上;弹簧式安全阀应将其开启压力调至钻井泵缸套额定压力的105%~110%范围内。
(5) 钻井泵安全阀泄压管宜采用直径为75mm的无缝钢管制作,其出口应通往钻井液池或钻井液罐,出口弯管角度应大于120°,两端应采取保险措施。
(6) 预压式空气包应配压力表,空气包应充装氮气或空气,严禁充装氧气或可燃气体,充装压力为钻井泵工作压力的30%。
(7) 拉杆箱内不得有阻碍物。
(8) 钻井泵内的钻井液应放净,冬季应将吸入阀、排出阀取出。

5) 钻井液管汇、水龙带安装
(1) 地面高低压管汇安装。
①高压阀门组应安装在水泥基础上。
②地面高压管线安装在水泥基础上,基础间隔4~5m,用地脚螺栓卡牢。
③高压软管的两端用直径不小于6mm钢丝绳缠绕后与相连接的硬管线接头卡固,或使用专用软管卡卡固。
④高低压阀门手轮齐全,开关灵活,无渗漏。
(2) 立管及水龙带安装。
①立管应上吊下垫,不应将弯头直接挂在井架拉筋上。用花篮螺栓及直径为19mm的钢丝绳套绕两圈将立管吊挂在井架拉筋上,弯管要对准井口;立管下部座于水泥基础上。

②立管中间用4根直径为20mm"U"型螺栓紧固，立管与井架间应垫方木或专用立管固定胶块。

③"A"型井架的立管在各段井架对接的同时对接并上紧活接头，水龙带在立井架前与立管连接好，用棕绳捆绑在井架上。

④立管压力表宜安装在离钻台面1.2m高处，表盘方向以便于司钻观察为宜。压力表清洁、完好。

⑤水龙带应用直径为13mm的钢丝绳缠绕作保险绳，绳扣间距一般为0.8mm，两端固定牢固，一端固定在水龙头支架上，一端固定在立管弯管上，安装保险钢丝绳的自由度，不得妨碍水龙头带的运动。或采用安全管卡防脱，其卡紧力以不损伤水龙带为宜。

6）钻井液净化设备的安装与拆卸

（1）安装。

①钻井液罐的安装应以井口为基准，或以2号钻泵为基准，确保钻井液罐、高架槽有1∶100的坡度。

②高架槽应有支架支撑，支架应摆在稳固平整的地面上。

③振动筛至钻台及钻井液罐应安装0.8m宽的人行通道，靠钻井液池一侧应安装1.05~1.20m高的护拦，人行通道和护拦应坚固不摇晃。

④振动筛、除砂器、除泥器及离心机等电气设备应由持证电工安装，电动机的接线牢固，绝缘可靠。

⑤安装在钻井液罐上的除泥器、除砂器、除气器、离心机及混合漏斗应与钻井液罐可靠地固定，传动、转动部位护罩齐全、完好。振动筛找平、找正后，应用压板固定。

⑥上、下钻井液罐的梯子不少于3个。

（2）拆卸。

①钻井液罐吊装应使用直径不小于22mm的钢丝绳。

②钻井液罐的过道、支撑应绑扎牢固。

③钻井液罐上的振动筛、除砂器、除泥器、除气器、离心机、混合漏斗、配药罐及照明灯具等均应拆除。

7）井控装置的安装

（1）液压防喷器远程控制台距井口应不小于25m。

（2）放喷管线与油罐距离应不大于3m。

（3）放喷管线出口应不小于75m。

（4）安装防喷器的井，下技术套管（或表层套管）时应准确计算联入，确保放喷管线不高于井架船形底座150mm。

（5）防喷器安装应与天车、井口对正，中心偏移不大于10mm，四角用花篮螺栓固定。

（6）安装防喷器底法兰的套管接箍应是原套管接箍，不应在套管本体上重新焊接接箍。

（7）放喷管线不应架空，应固定在水泥基础上，基础间隔10m；转弯处应加基础固定。

（8）放喷管线弯管角度不小于120°，一律采用预制铸钢弯管，平滑过渡。

（9）放喷管线应用直径127mm的钻杆连接出口处留有直径127mm的钻杆螺纹。

（10）放喷、节流、压井管汇内无异物，各阀门灵活好用，并经过试压合格。

（11）液压控制管汇确保接头清洁，外螺纹接头涂好密封脂。

8)电气系统的安装
(1)移动式发电房。
①移动式发电房应符合 GB 2819 中的有关规定。
②发电房应用耐火等级不低于四级的材料建造,内外清洁无油污。
③发电机组固定可靠,运转平稳,仪表齐全、灵敏、准确,工作正常。
④发电机外壳应接地,接地电阻应不大于 4Ω。
(2)井场电气线路的安装。
①井场主电路宜采用 YCW 型防油橡胶套电缆,照明电路宜采用 YZ 型电缆。
②钻台、机房、净化系统、井控装置的电器设备、照明灯具应分设开关控制。开关距井口:高压油气井不小于 30m,低压开发井不小于 15m。远程控制台、探照灯应设专线。
③井场至水源处的电源线路应架设在专用电杆上,高度不低于 3m,并设漏电断路器控制房、泵房、钻井液罐上的照明灯具应高于底座面(罐面)2.5m;电缆线应有防止与金属摩擦的措施。
④配电房输出的主电路电缆应由井场后部绕过,敷设在距地面 200mm 高的金属电缆桥架内;过路地段应套有电缆保护钢管;钻井液罐及振动筛内侧应焊接电缆桥架和电缆穿线钢管。
⑤井场电路架空时,应分路架设在专用电杆上,高度不低于 3m;距柴油机、井架绷绳不低于 2.5m;供电线路不应通过油罐上空。
⑥电缆敷设位置应考虑避免电缆受到腐蚀和机械损伤。
⑦电缆应绝缘良好。
⑧电缆与电气设备应用防爆接插件连接。
⑨电气设备均应保护接地(接零),其接地电阻值不大于 4Ω。
⑩钻台、井架、机泵房、钻井液循环系统的电气设备及照明灯具应符合防爆要求。
(3)野营房电气线路的安装。
①野营房电器系统的安装应符合 SY 5576 中第 5.4.1、5.4.2、5.4.6、5.4.7、5.4.8 条的规定。
②进户线应加绝缘护套管。
9)锅炉安装
锅炉安装应符合《蒸汽锅炉安全技术监察规程》或《热水锅炉安全技术监察规程》中的有关规定。
5. 关井操作程序
1)钻井中发生溢流时
(1)发出信号,停转盘。
(2)上提方钻杆,停泵。
(3)适当打开节流阀。
(4)关防喷器(应先关球形防喷器,再关闸板防喷器)。
(5)关节流阀,试关井。
(6)迅速向值班干部报告。
(7)认真观察、准确记录立管压力和套管压力以及钻井液池钻井液增减量。

2）起下钻中发生溢流时

(1) 发出信号，停止起下钻作业。

(2) 抢接回压阀（投钻具止回阀）。

(3) 适当打开节流阀。

(4) 关防喷器（应先关球形防喷器，再关闸板防喷器）。

(5) 关节流阀，试关井。

(6) 迅速向值班干部报告。

(7) 认真观察、准确记录立管压力和套管压力以及钻井液池钻井液增减量。

3）起下钻铤过程中发生溢流

(1) 发出信号，停止起下钻作业。

(2) 抢接备用钻杆和回压阀。

(3) 适当打开节流阀。

(4) 关防喷器（应先关球形防喷器，再关闸板防喷器）。

(5) 关节流阀，试关井。

(6) 迅速向值班干部报告。

(7) 认真观察、准确记录立管压力和套管压力以及钻井液池钻井液增减量。

4）空井发生溢流时

(1) 发出信号。

(2) 适当打开节流阀。

(3) 全关闭闸板防喷器。

(4) 关节流阀，试关井。

(5) 迅速向值班干部报告。

(6) 认真观察、准确记录套管压力和钻井液池钻井液增减量。

6．井场动火管理

1）目的

实施井场动火作业制度，是为了避免发生火灾、爆炸事故，确保员工生命和国家财产安全，保证钻井生产作业的顺利进行。

2）原则

(1) 凡是没有办理动火手续和落实动火安全措施以及未设现场监督人的，一律不准进行动火作业。

(2) 在整个动火过程中，工程负责人负责现场的协调和管理，并监督动火措施的实施。

(3) 油气井井喷情况下的动火，要由抢险制喷领导小组组织工程技术部门、安全检查部门、公安消防部门共同研究，制定严密的动火方案，统一指挥并严格执行有关规定。

3）动火管理程序

当在钻井作业现场需要动火时，应按动火等级实施动火管理。井场动火管理程序如图4－2所示。

4）动火现场监督

《动火申请报告书》批准后，有关人员应到现场检查动火准备工作及动火措施的落实情况，并监督检查，确保安全施工。实施动火时必须在动火现场同时安排有生产实践经验、责

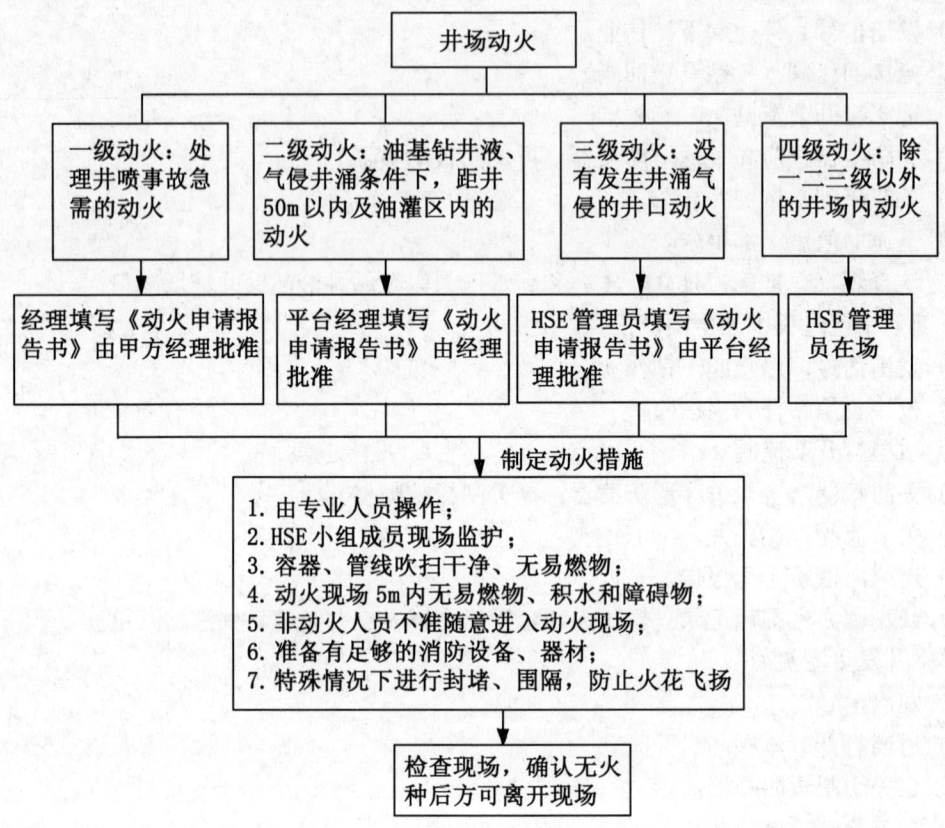

图 4-2 井场动火管理流程图

任心强、能正确处理异常情况的人员作为现场监护人。动火现场应按动火措施要求配备足够的消防器材；非动火人员未经现场负责人批准不得进入动火现场；在紧急情况下应保证施工人员迅速撤离现场。动火完工后，监护人员对现场进行检查，确认无隐患方可撤离。遇5级以上大风（含5级）不准动火，特殊情况进行围隔作业并控制火花飞扬。

7. 井场用电安全规程

1）总则

(1) 钻井队电气工程师负责用电规程的执行。

(2) 该规程适用于所有员工，有些作业要求仅适用于专业人员。只有受过培训的专业人员才能在50kV以上未加保护的电器上工作。

(3) 除非断电会使危险性更大或引起别的危险（如钝化或紧急报警系统失效、关掉危险区通风设施或某一区照明），或者不符合电器设计或操作要求（如测量电流），否则，在带电部件上或其附近作业时，必须先切断电源并锁定，并加标识。

(4) 按规定切断未加保护的带电部件的电源、锁定并加标识后，专业人员仍需先测试该部件确实无电后方能开始作业，测试可检验有无感性电压或无关电压反馈产生的带电情况。测试前后均应检查检验工具的可靠性。

(5) 若未切断未加保护带电部件的电源，作业时必须采取适当的保护措施，其中包括：

①专业人员须穿戴好合适的劳保用品方能开始作业。

②高架线路必须采取防护、隔离、绝缘措施，以防直接接触的作业人员或通过与工具、设备或其他导体接触而导致的与作业人员的间接接触。

③照明要充分。

④在封闭空间或限定区域（如出入孔或拱顶）内作业时，必须使用防护屏、阻挡层或绝缘材料，以防因疏忽而接触带电物体；此外，门、可折合面板必须固定牢固，防止其转动将人推至带电物体上。

⑤对与人接触的导体必须防止它接触带电物体。

⑥只能使用扶手不导电（玻璃钢）的移动梯子。

⑦除非衣物和手饰已进行过绝缘处理，否则不要穿戴导电性衣物或手饰（如表带、手镯、戒指、钥匙链、项链、带金属的围裙等），以防接触带电物体。

⑧除非能保证不接触带电物，否则在带电物体附近不能使用导电性清洗剂，如钢丝绒、碳化硅或其他导电性液体。

（6）只有专业人员才能使用有可能使其接触带电部分电路或电器测试设备或仪表，所用设备一定要适当，使用前应先直观检查是否破损。有缺陷或破损的电线和设备必须先维修。

（7）在有负载的状态下，只有能使用载荷开关、断路开关或其他专用切断装置接通、倒换、切断电路。

（8）保险丝或断路开关自动断开后，在未确定出电路安全电流大小前，不能重新通电。除非是因为过载而不是另外的故障引起的自动断电，否则不允许在换保险丝后重新供电。

（9）不允许使用旁通保护装置或使用过大的断路开关，因这种做法根本起不到保护作用。

（10）当使用控制面板时，必须遵守以下规定：

①若必须接触控制面板，首先用电压测试器（接触或非接触）检查一下，若没有电压测试器，可用手背轻轻试一下。

②在操作开关或切断装置前，必须保证所有电路保护配电盘已关上，并适当固定好。

③切断设备电源时，应先关掉设备电源控制开关，再关掉主开关。

④接触设备电源时，应接通主开关，再接通设备电源控制开关。

⑤操作控制开关或主开关时，要站在侧面，不要站在配电板的正前方。眼睛不要直对着配电板，以防发生爆炸时伤着眼睛或身体。

（11）若电路断路开关的位置与用途的关系不太明显时，应标明各控制开关的用途。应标清各供电箱、分线箱及各支路的用途。当断接不明显时，所用设备之间应能相互参照。所做标识应耐用，不宜丢失或损坏。

（12）电压超过600V的引线，接线盒必须罩着，且加上"高压"标志。

（13）如果500~1000V的直流或交流电配电柜有门，门上必须装锁或互锁装置。

（14）所购置的开关、控制器、断路开关等必须能机械锁定在断开状态，只有这样才能在设备维护和保养时锁定电源。

（15）便携式电器设备的使用应遵守：

①便携式电器应轻放以防损坏，电线不能用来提拉设备；

②使用前或移位前，必须先直观检查设备的加长线路和电线有无破损处（部件松动、变形、丢销钉、外罩或绝缘破损、外护罩压扁或压碎）；

③接地型电线必须用于接地型设备，插头和插座在用前必须检查；

④有积水或导电性流体的地区只能使用适用于潮湿地区使用标准的设备和电线；

⑤插、拔电器插座时手要干燥。此外，若已接通电源的插头或插座是湿的，或者因其他原因引起漏电，连接时只能使用保护性绝缘工具；

⑥锁定型插头在接好后必须锁定。

2) 保护设备

(1) 高架线路或 480V 以上的其他未加保护的电源都可能产生电弧，当专业人员在这些条件下工作时，必须使用防电源电弧的热保护装置。

(2) 橡胶绝缘手套内必须再戴一合适的皮手套，以增加耐磨性和抗击穿能力，防护皮手套必须能防止电弧击伤皮肤；每次使用前要先对橡胶绝缘手套进行直观检查，手套必须由生产厂家或合格代理商进行检验，以看其是否有破损或应更换，检验结果应记录下来并存档，新手套每 12 个月检验一次，重新检验的手套每 8 月检验一次；备用手套应标上"备用，检验前不能使用"标签，已存档的能显示检验日期或购买日期的发票或其他的证据均应记录检验日期。

(3) 在带电设备附近工作时，若工具有可能接触到该设备，就只能使用绝缘工具；发现工具上绝缘材料已破损应立即包起来：

①当接线柱上有电时，接、拆保险丝必须使用绝缘工具；

②未加保护的带电物附近拉的绳子必须不导电；

③在带电物附近工作时，若有可能接触到带电物体，必须使用防护性屏蔽、保护隔板或绝缘材料，以防发生电击、电弧烧伤或其他电路事故，其中包括将非专业人员与带电物隔离开。

(4) 使用警告标志以防人员触电：

①必要时用安全标语或标志警告电的危险性；

②必要时将危险区围起来并插上安全标志以防止人员进入、接近未加保护的电工作区，防护栏应为非导体；

③特殊情况下，应派专人负责守护危险区，以阻止他人入内。

3) 高架线

(1) 当非专业人员在离高架线较近的地方作业时，他可能接触到的最长的导电物离未加保护高架线的安全距离不能少于：

①低于 50kV 的高架线——3.0m；

②高于 50kV 的高架线——在 3.0m 基础上每超 10kV 增加 0.1m。

说明：若物体的抗击穿电压低于与其接触的高架电力线电压，此时可认为该物体为导体。

(2) 专业人员在高架线附近工作时，人体不应该靠近或携带未经认可的不带绝缘把手的导电物，与带电部分的安全距离不能少于：

①低于 300V——避免接触；

②300～750V——0.3m；

③750～2kV——0.4m；

④2～15kV——0.6m；

⑤15~37kV——0.9m；
⑥37~87.5kV——1.1m；
⑦87.5~121kV——1.2m；
⑧121~140kV——1.3m。

(3) 在电压低于 50kV 的高架线附近工作时，要使用带升降机构的车或机械，从而保持 3.0m 的安全距离。若电压高于 50kV，在 3.0m 基础上每超 10kV 安全距离增加 0.1m。对以下几种情况的安全距离有如下规定：

①若车在运送过程中升降部分已放低，此时与电压低于 50kV 的高架线之间的安全距离可缩短为 1.2m；若电压高于 50kV，在 1.2m 基础上每超 10kV 安全距离增加 0.1m。

②若装有防止与高架线接触的绝缘能力足够的防护屏，且该防护屏不是车或其升降机构的一部分或附件时，安全距离可降至绝缘防护屏的设计工作尺寸之内。

③若使用高架绝缘斗臂车，且工作人员均为专业人员时，安全距离可缩短为第（2）条中的规定距离。

4) 培训

(1) 每年要对员工进行用电安全培训，不在未加保护带电设备上作业或附近作业的员工、非专业人员都必须对该规程有所了解。

(2) 除以上所述外，在未加保护带电设备上作业或其附近工作的人员经培训合格后方能上岗。培训内容包括：

①识别电器未加保护带电部分的知识；
②判断未加保护带电部分标称电压的知识；
③规程中的规定安全距离及产生爆炸的相应电压；
④当作业要直接接触或因使用的工具、材料导致间接接触带电物时，专业人员必须接受预防措施、劳保、绝缘材料、屏蔽材料和绝缘工具等知识的培训。

三、钻井 HSE 管理监测

实施 HSE 管理，对健康、安全与环境表现的有关情况进行监测（包括检查、测试等），并建立和保存相应结果与记录，有利于健康、安全与环境表现的持续改进，也是审核和评审的重要客观证据。

建立钻井健康、安全与环境管理的监测检查制度，是强化 HSE 管理的重要手段、督促 HSE 各项削减风险措施落到实处，也是保证 HSE 管理质量的必要条件。通过对现场人员、设备及设施进行 HSE 方面的定期常规检查和不定期特例检查，有利于发现事故隐患、存在的问题；也有利于发现已制定的 HSE 风险防范、削减措施实施中存在的不足，以便及时提出整改和补救措施，促进 HSE 管理的顺利进行。

1. 监测检查的依据

(1) 相关的法律、法规；
(2) 有关的标准、安全规范；
(3) HSE 管理体系文件；
(4) HSE 管理的规章制度等。

2．检查的范围

对钻井队现场的监测检查包括但不限于以下范围：

(1) HSE 管理实施情况；

(2) 各项安全规程、标准执行情况；

(3) 各种设备、设施的安全技术性，运行及维护保养情况；

(4) 自动报警装置及安全防护装置的配置、性能、运行及维护保养情况；

(5) 应急措施落实情况，应急设备的配置、维护保养情况；

(6) 员工 HSE 培训，应急演习情况；

(7) 医疗设备、药品的配备及使用情况；

(8) 井场、营地环保规定的执行情况、废物回收、污水处理、环境破坏后的恢复等；

(9) 宿舍、餐厅、厨房、厕所、浴室的卫生情况。

3．检查的对象与内容

1) 对钻井队 HSE 管理的检查

检查包括但不限于以下内容：

(1) HSE 管理小组人员是否配齐，职责是否明确；

(2) 井队是否按 HSE 管理的要求进行运作；

(3) 井队有关 HSE 管理的规章制度是否完善，是否按已定的规章制度办事；

(4) 是否制定有钻井作业 HSE 指导书、计划书、检查表；

(5) 是否有关于 HSE 管理的法律、法规、规程、规定等文件资料，资料保存是否规范有序；

(6) 是否对井队员工进行了健康、安全与环境保护方面的宣传、教育和培训；

(7) 有关的 HSE 规章制度、措施是否上墙，危险部位是否立有警示标志或警示牌；

(8) 是否进行了 HSE 方面的例行检查等。

2) 对井队员工的检查

对井队员工的检查，根据不同工种和岗位，检查的内容不同，主要包括以下几个方面：

(1) HSE 管理知识；

(2) 特殊岗位的持证情况；

(3) 是否进行过 HSE 方面的培训；

(4) 紧急情况下控制处理险情的技能；

(5) 紧急情况下个人防护的能力；

(6) 是否会使用控制险情的设备、工具（如不同类型的灭火器）；

(7) 当班人员是否穿戴劳保用品；

(8) 是否会使用防护器具（如氧气呼吸器、防毒面具）；

(9) 员工的健康状况等。

3) 钻井及 HSE 设备、设施的检查

设备、设施检查主要从以下几个方面进行：

(1) 设备、设施安装是否符合有关技术、安全规定要求；

(2) 设备、设施运行是否良好、完整性如何；

(3) 设备、设施的安全防护装置是否齐全有效；

(4) 消防设施、灭火器材等是否配备齐全有效。

设备、设施具体的检查内容按有关规定进行，对有关的设备装置，如井控设备要进行测试。

4）营地的检查

(1) 营房状况是否良好、基本设施是否齐全、是否符合防火要求；
(2) 营房是否整洁、卫生；
(3) 营房是否有足够的卫生设备；
(4) 浴室、厕所状况如何；
(5) 厨房、餐厅状况如何；
(6) 营地周围环境状况；
(7) 生活污水垃圾的处理情况；
(8) 安全（消防设施、器材的配备）情况等。

5）医疗设施及药械的检查

(1) 是否配备有医务室；
(2) 卫生员的资质；
(3) 是否配备有足够的药品；
(4) 医疗设备如何，是否配备有急救药械等。

6）作业现场环境监测

(1) 卫生状况；
(2) 大气监测；
(3) 作业排放污水监督监测；
(4) 噪声监测；
(5) 污水处理装置工况；
(6) 污水处理及达标排放情况等。

4．检查的形式与方法

根据检查的不同对象、不同项目，采用不同的形式和方法，如对人员的检查可采用笔试、口试和实际操作的方法来进行；对设备的检查通常采用测试方法。为了在现场检查方便，应按不同的检查项目设计成不同的检查表格形式，按表格的内容逐项检查。

5．检查频次

根据钻井作业的特点，整个钻井活动过程中的HSE检查可分为三个阶段，即钻前的检查、钻井过程中的检查和钻井施工结束后的检查。钻井过程中的检查又分为常规定期检查和不定期例行检查。一般钻井公司应每季组织有关人员对钻井队进行一次HSE检查；由钻井队长每月组织上一次本队的HSE检查；重要或大型施工作业前如开钻、钻开油层前、固井、下套管、起放井架前应对设备进行安全检查。

6．检查结果与考核

按有关的标准和技术规范评定检查结果，未达标的应提出整改措施和建议并监督完成。凡与人的因素有关的HSE检查项目，应根据责任制，把检查结果与个人年度考核挂钩，奖惩分明，有利于促进井队健康、安全与环境管理的顺利实施。

第二节 硬件措施

在削减风险危害的措施中,硬件措施必不可少。削减钻井作业 HSE 风险的硬件措施包括配备控制和消除危害的设备、仪器、工具、防护装置以及安全劳保用品等硬件的配置和保证钻井设备、设施的完整性及有效使用措施。没有专门用于控制有害操作和保证设施完整性的硬件措施,削减风险也许就是一句空话。

一、钻机搬家安装要求

1.钻机搬迁要求

(1) 井位确定后,对沿途公路、桥、涵、港口和障碍物等条件进行调研;
(2) 装运"三超件"时符合安全要求;
(3) 气候条件允许;
(4) 高空作业,正下方禁止同时作业,通过或停留;
(5) 绳套选择符合安全规定,对设备、器材装载合理,捆扎固定;
(6) 各种罐、箱应排放净,符合环保要求;
(7) 钻杆、套管排放整齐、牢固;
(8) 化学药品轻放慢装,防止震动损坏;
(9) 各种吊装作业不得上下同时进行,且要有专人指挥和专人负责。

2.钻机搬迁程序

钻机搬迁如图 4-3 所示,不同井应根据地形情况,因地制宜。

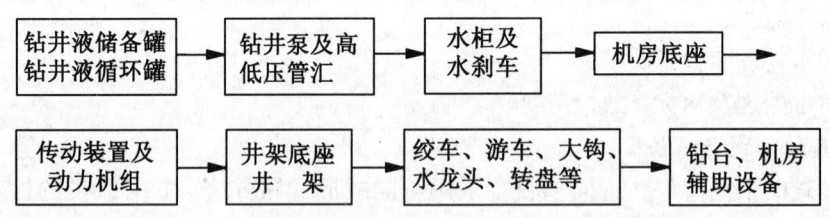

图 4-3 钻机搬迁程序示意图

3.安装技术要求

(1) 基础平面误差为 3mm,塔型井架底座组装后,4 个柱角的顶板在同一平面内,平面误差为 5mm,对角线尺寸误差应小于 10mm。
(2) 导管须埋直,天车、转盘与井眼同轴度误差为 10mm。
(3) 转盘转台平面对天车至井眼轴心线的垂直误差为 3mm。
(4) 所有机械设备各固定螺丝须加弹簧垫和锁紧螺帽,找平找正后立即固定;如因找平而加的垫铁应垫牢,防松脱。
(5) 各种运装机件的护罩和保护装置应齐全、完好、装牢。
(6) 采用气离合器联接时,同轴度误差为 1.0~1.5mm,未充满气的气离合器间隙为 2.0~3.0mm。

(7) 采用皮带传动和链条传动时,两传动轮应在同一垂直面内,安装误差应小于 3mm,其张紧度按两支皮带轮的中心距计算,每米应小于 15mm。

(8) 绞车的刹车毂与刹车块的间隙应均匀,一般为 6mm。

(9) 钻井泵应安装在同一水平面上,泵的吸管管径应大于泵液力端吸入管尺寸,在吸入管上应安装过滤器、挡板阀和缓冲器,其空气包的充气压力为泵工作压力的 1/3。

(10) 高压管汇固定牢靠,水龙带与井架之间有足够距离以防打扭,水龙头相连部分要有正常的弯曲半径。

(11) 设备须先找平后找正,绞车以滚筒面为准,不水平度每米不大于 3mm,各动力机传动装置前后左右不水平度每米不大于 0.5mm,钻井泵前后水平面以阀箱法兰面为准,不水平度每米不大于 3mm;左右水平以轮面为准,不水平度每米不大于 2mm。

(12) 设备找正 F200 钻机绞车滚筒中心线应距井口中心线往司钻方向偏移 325mm,F320 偏移 250mm,然后以绞车为准分别摆放前后设备。

(13) 各钻机传动链条的校正偏差不超过 1.0mm,斜差不超过 0.5mm。各传动皮带的斜差偏差均不得超过 2.0mm。

(14) 水刹车找平以牙嵌为准,端面间隙与外圆偏心差均不得超过 1.0mm。

(15) 各种钻井仪表安装牢靠应有防震和减震措施,各种管线排列整齐、标志清晰、流向合理、灵敏可靠。

(16) 钻井常用钢丝绳、绳卡规格及用量应符合安全负荷规定。

(17) 拆装气路系统时各管线气阀和接头应保护好,安装时管线内不得有杂物,并尽量固定排齐,各控制手柄、元件、部件齐全完好,灵活可靠。在引入压缩空气前,各控制手柄应处在非工作位置。

(18) 钻机安装时,气控系统须试验合格,以检查其工作的准确性、可靠性和灵敏性,待安装完毕且对所有设备进行全面运转合格后方可使用。

(19) 对于油料的使用,严格按其品种、性能及设备的技术说明要求执行。

(20) 油气水供给系统的安装应符合《钻井操作规程》的要求。油气水进出能计量,管线畅通试压合格。

图 4-4 和图 4-5 分别为塔型和"A"型井架、钻机安装顺序图。

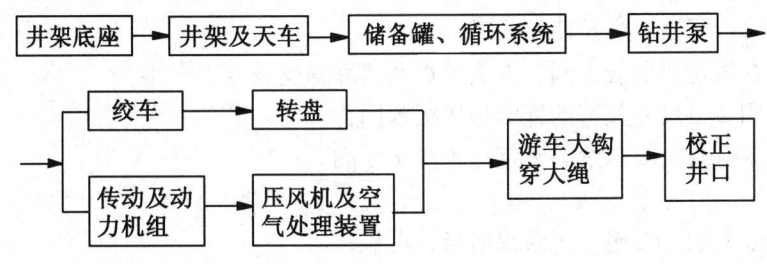

图 4-4 塔型井架、钻机安装顺序图

4. 钻井设备安全要求

1) 井架

(1) 梯子。

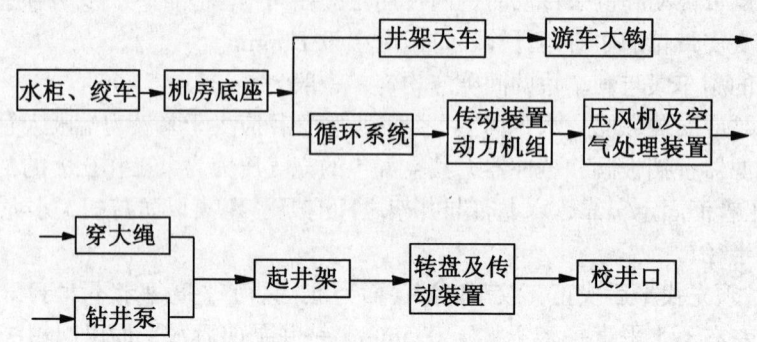

图 4-5 "A"型井架、钻机安装顺序图

样子长度、高矮合适，完好无损，固定牢靠。
(2) 井架大腿与底座。
①连接合适，巴掌紧靠牢固，各拉筋不弯、不扭、无裂纹、整体平稳牢固；
②底座清洁、平整、防滑。
(3) 二层台、天车台及立管平台。
①平台完好，栏杆整齐，操作方便，固定可靠；
②严禁存放任何物品，必用工具应栓保险绳；
③指梁棒铁齐全可靠。
(4) 大门与绷绳。
①坡道安装牢固，坡度适宜并加保险绳；
②绷绳长度、松紧适宜，采用正反螺栓拉紧，每端 3 个 $\phi 16mm$ 绳卡，相距 200mm 压板在长绳端卡紧。
2) 绞车
(1) 固定。
用 5″×6mm 压杆 2 根，8 个 M30 螺栓加木块固定，或根据其安装技术要求可靠安装，并有防松装置。
(2) 大绳。
①大绳应符合规格，满足使用要求；
②死绳端在固定器上绕 3 圈，绳头卡板及挡绳螺丝齐全、卡牢；
③活绳头用 2 只尺寸相符的绳卡加压板紧固；
④大钩放至转盘上时，滚筒上钢绳不少于 7 圈。
(3) 仪表。
①各种仪表灵敏、准确，记录仪清晰、可靠；
②传压器及管线传压准确，不渗透；
③各种仪表安装正确，位置合适。
(4) 安全装置。
①刹把灵活，辅助刹车可靠，刹把刹紧时调节螺丝并帽与底座间隙 3~5mm，并有专用死扳手卡紧并帽；

②刹车钢带无变形,顶丝完好,刹带片余厚不小于 18mm,刹车毂与刹车气缸齐全、完好;
③平衡梁支撑可靠,各种销子、垫片完好。
(5) 防碰天车。
①气动防碰天车上的引绳尺寸、长度及松紧合适,工作时总车高低速同时放气,1s 内将滚筒刹死;
②机械防碰天车灵敏、制动快,且其挡绳距天车应大于 4m;
③所有开关灵活可靠,不漏气。
(6) 气控系统。
①操作台仪表全、灵,气管线排列整齐,阀件灵活可靠;
②安装正规,维护设备时应切断气源,挂牌标明。
(7) 传动装置。
①对传动轴、猫头轴、滚筒轴的固定正规、可靠;
②牙嵌拨叉完好、灵活,排挡把手有锁销;
③离合器元件齐全完好,摩擦间隙不大于 4mm;
④绞车护罩齐全、完好、可靠;
⑤猫头平滑无槽,滚杠固定牢固,转动灵活。
3) 钻台
(1) 游动系统。
①游车固定牢靠,滑轮转动灵活,护罩完好,及时保养;
②大钩转动灵活,保险销完好;
③吊环完好,水龙头转动灵活,密封可靠。
(2) 固定装置。
①转盘及大梁的固定正规、可靠,锁紧装置及护罩完好;
②钻杆盒固定可靠,盒面平整防滑;
③风动绞车位置合适,固定牢稳,操作方便、灵敏、可靠;
④柴油机固定牢靠,符合安装规范要求。
4) 井口工具及绳索泵房
(1) 井口工具。
①吊卡活门,保险销灵活可靠,手柄固定牢固;
②卡瓦、安全卡瓦的销子,卡瓦牙及压板、保险链齐全紧固,灵活好用。
(2) 常用钢绳。
①大钳尾绳用 $\phi 22mm$、大绳用 $\phi 12.7mm$、液压大钳吊绳用 $\phi 15.9mm$ 钢丝绳,两端各 3 支与绳经相符的绳卡卡紧;
②高悬猫头用 $\phi 51mm$ 棕绳与 $\phi 19mm$ 的钢丝绳组成;
③大门绷绳用 $\phi 18mm$,防喷盒吊绳用 $\phi 10mm$,风动绞车用 $\phi 12mm$。
(3) 保险绳。
①水龙带用 $\phi 12.7mm$,绳扣间距 $\phi 0.8mm$ 作保险绳;
②吊环、上扣马达、方补心、挡绳器均用 $\phi 12mm$ 作保险绳。
(4) 钻井泵及高压管汇。

①钻井泵、灌注泵安装和校正符合标准，运转平稳，工作正常；
②安全阀、销钉选用合适，定期检查，排液管符合要求；
③空气包充气压力为其工作压力的 30%；
④泵压表准确、灵敏、位置合适，并定期校正；
⑤高低管汇工作时不振不跳，不刺不漏；
⑥泵护罩完好、牢固、可靠，符合标准。

5）电器设备
（1）发电机。
①电机接地良好，消声合格，固定牢靠，按时保养；
②配电盘、闸刀接线正规，电缆完好，各表盘指示正确，且配电柜前地面铺有绝缘胶垫；
③发电房距井口不少于 50m，距油罐不少于 30m，且周围无油污及易燃物。
（2）压风机房与机房。
①各接地线完好，桩头无松动；
②照明及各电缆、电线保护层完好无损；
③各电器、仪表及指示灯工作正常；
④安装、校正符合要求，护罩齐全、完好、可靠；
⑤所有管线，配件齐全、可靠。
（3）闸刀开关。
①上下盖齐全，保险丝防雨，生产区使用防爆开关，并标明所控线路；
②接线标准、牢固，对关键线路应专线控制。
（4）电线。
①无破损、漏电、裸露、乱接现象；
②符合架空标准和满足标准化现场要求。

6）防喷设备
①按设计配备防喷器、控制系统及辅助设施；
②所有管汇、阀门、法兰等配件的工作压力与井口应匹配且不低于设计要求；
③各种管线应按规定安装，保证畅通；
④压井、放喷管线转角不小于 120°，固定可靠，并定期冲洗；
⑤节流、压井管汇要用专用管线、标准法兰连接，放喷管线出口须安全，且全套设备须试压合格才能使用；
⑥所有闸门挂牌注明开关，回收管线牢固，出口管度小于 120°；
⑦防喷器清洁，并对角加固绷紧；
⑧远控台位于井口侧前方 25m 以外，专线专电控制；
⑨液压管线跨井场道路处设有过车桥或保护措施；
⑩油气畅通、充足、压力正常；
⑪贯彻井控管理各项制度，岗位落实，人员到位；
⑫防喷器演习达到规定要求，且能熟练正确使用内防喷工具。

7）固控设备
①所有固控设备一切完好，零部件齐全，安装牢固；

②人行道平整，安全护栏整齐；
③设备清洁，定期保养，管线不泄漏；
④电机接地标准，绝缘良好，且仪表灵敏。
8）其他设备设施
（1）氧气焊。
①电焊机、氧气瓶、乙炔瓶须由专人保管、使用；
②焊机完好，护罩齐全，接地正规，面罩、焊钳和绝缘手套符合标准；
③氧气、乙炔应分库存放，使用时其安全距离15m，且乙炔瓶须直立，氧气瓶上严禁有油污。
（2）高架罐。
上吊下顶，固定牢靠，并有可靠的防松装置。
（3）污水处理装置。
①梯子及栏杆网、盖齐全、牢靠；
②马达绝缘性能、接地良好，开关防雨安装符合要求；
③管线连接牢固，不漏，符合标准化。
（4）钻具。
按标准化现场分类排列整齐，保养合格。
（5）绷绳。
距井口40m，绳径、绳卡及坑的尺寸均符合标准。
5．井场防爆电器配置
井场防爆电器配置见表4-3。

表4-3 防爆电气控制箱及防爆降压启动箱分布表

序号	防爆电气控制箱分布		负载输出所到设备	
	位 置	台 数		
1	钻 台	控制箱1台	三相	电动葫芦
				钻机电磁涡流刹车变压器
				钻机涡流水泵刹车
				升降台电机
				清洗机
				钻台风扇
				备用
			单相	钻台偏房照明
				井架照明（钻台井架各一路）
				备用
				36V检修照明

续表

序号	防爆电气控制箱分布		负载输出所到设备	
	位置	台数		
2	机房	控制箱1台	三相	电焊机
				钻床
				备用
				变矩风扇
			单相	机房室内
				机房
				备用
				36V检修照明
3	钻井液循环罐	控制箱每罐1台	三相	钻井液搅拌器
				备用
			单相	照明
4	振动筛	控制箱2台	三相	振动筛
				搅拌器
				排污泵
			单相	照明
5	储油罐	控制箱1台	三相	柴油泵
				机油泵
				备用
			单相	照明
6	测斜绞车	控制箱1台	三相	照明
			单相	照明
7	净化系统及其他	降压启动箱7台	三相	电动压风机
				液压大钳
				除气器
				除砂器
				除泥器
				离心机
				混合漏斗
8	自动灌泥泵装置	控制箱1台	三相	灌泥泵
9	防喷器远程控制台	控制箱1台	三相	液压泵

续表

序号	防爆电气控制箱分布		负载输出所到设备	
	位置	台数		
10	加重泵组	控制箱1台	三相	搅拌器
				备用
			单相	罐体照明
11	药剂处理罐	控制箱一台	三相	搅拌器
			单相	罐体照明

二、灭火器材配置

(1) 消防房内应配备：100L 泡沫灭火器 2 个；8kg 干粉灭火器 10 个；5kg 二氧化碳灭火器 2 个，消防斧 2 把；防火锹 6 把；消防桶 8 只；防火砂 4m³；75m 长消防水龙带 1 根；ϕ19mm 直流水枪 2 支。

(2) 钻台应配备：100L 泡沫灭火器 2 个。

(3) 钻台下应配备：100L 泡沫灭火器 2 个。

(4) 固控系统应配备：8kg 干粉灭火器 1 个/罐。

(5) 油罐应配备：8kg 干粉灭火器 2 个。

(6) 材料房应配备：8kg 干粉灭火器 1 个/房。

(7) 值班房、录井房、钻井液房应配备：8kg 干粉灭火器 1 个/房。

(8) 机房应配备：1211 灭火机 3 只。

(9) 发电房应配备：1211 灭火机 2 只。

(10) 可控硅房应配备：CO_2 灭火器 1 只。

营房和操作间也应每房配备 1 个 8kg 干粉灭火器。在所有焊接场所附近都应备有消防设施。如果进行焊接或切割作业的场所有可能发生严重火灾，则应指定一个人专门进行观察。焊接或切割作业不宜影响该处的其他活动。

灭火器应放在指定地点，并用标签注明类型、使用方法和充灌日期。灭火器用完后，应立即重新充填。每次检查灭火器后应在标签上写上检查人的名字。

三、劳动保护措施

钻井队作业人员的劳动保护用品的配发按 SY 5690 中的规定执行，所有人员均应配发工装、高筒硬头皮鞋、安全帽和手套等劳动保护用品，上岗人员应按规定正确穿戴。特殊作业环境、工种还应配备不同功能的劳动保护用品。

(1) 每一个离钻台或其他工作面 3.3m 或 3.3m 以上高度作业人员，除非正在从事的工作要求身体自由运动，或从事的是安装和拆卸钻机工作，都必须系上安全带。

(2) 发电房及电工应配备绝缘手套、绝缘鞋，并定期对绝缘鞋进行检查。

(3) 在机记、发电房、钻台等噪声环境下作业人员应配备防噪声的耳塞。

(4) 从事钻井液处理的人员应配备耐酸碱手套和防尘口罩；当进行加重作业和固井作业

时，作业人员也应配备防尘口罩。

第三节 系统措施

削减钻井作业 HSE 风险的系统措施，主要包括钻井施工中各种工程事故及安全隐患的预防和环境保护等措施。通过实施这些措施，消除和减少事故隐患，防止事故升级，从而降低系统风险。

一、钻井中一般故障的防范与处理措施

1．失去动力

（1）平常坚持班、周、月的安全检查，尤其要注意链条销、万向轴、离合器等的检查。检查结果反馈给平台经理。

（2）转盘、猫头失去动力。报告平台经理（队长）或钻井工程师。起钻至安全井段，修复中断动力传输部件。修理中一定要停止附近部件的转动，严防伤人。

（3）绞车失去动力。钻进中以钻头允许的最大钻压加足钻压，刹车、坐卡瓦，保持钻进时的排量循环钻井液；起下钻时，停止起下作业，坐稳吊卡（气层应戴回压阀）。修复传输中断部件。修理中停止附近部件的转动。

2．绞车失去刹车

（1）平常坚持刹车系统、高低速离合器的班、周、月检查，下钻悬重起重超过 300kN 挂水刹车。

（2）下放游车作业过程中，不能放高速车，要根据悬重的变化调整好水刹车液面，做到平稳起放。

（3）发现失去刹车后，有条件坐卡瓦时立即坐卡瓦；无条件坐卡瓦时用低油门合低速，低速作用后坐卡瓦或上提钻具后再坐卡瓦。合低速时井口作业人员要迅速撤离至井架大腿以外安全处，防止传动链条在合低速时顿断而顿钻伤人。刹把断则使用气刹。

（4）检查失去刹车的原因，修复后恢复作业。

（5）若发生顿钻，则报告平台经理、机械技师，并在机械技师的指导下处理现场。

（6）报告上级机关、技安部门。

3．水龙头被卡

（1）运至井场的新（修复）水龙头要检查油池、做变负荷试验。按厂家说明书的要求定期换油、保养。缠稳水龙带保险绳。

（2）起下钻完后，吊钳、液气大钳、气绞车、防喷盒、高悬猫头等全部清理复位，保持游车、水龙头、水龙带附近的空旷。

（3）司钻扶钻时精力要集中，警惕性要高，在钻台上值班的人员要站在井架大腿以外，密切注意各处的运转是否正常。

（4）一旦发现水龙头被卡应立即摘转盘、刹转盘、停泵。

（5）组织当班人员检查损失情况，报告机械技师、平台经理。

（6）在机械技师的指导下处理现场。条件允许时要开泵或上下活动钻具。

（7）起钻至安全井段更换水龙头。

(8) 低速不放气，一旦发现，立即摘总离合器。

4．憋泵

(1) 按钻井工程师的要求安置合适的钻井泵保险销并定期检查。

(2) 保持罐内钻井液的清洁。杜绝编织袋、烂手套、棉纱、未分散的沥清等进入钻井液，泵坏了及时修。坚持安置泵上水滤网。

(3) 钻井液性能和钻井液排量达到工艺的要求，避免井塌、泥包钻头而导致憋泵。

(4) 起钻前要循环一周，下钻遇阻不能超过 50kN（否则开泵划眼），下钻完开泵动作要缓慢。防止砂子堵水眼而憋泵。

(5) 泵房值班人员不能靠近回收管线和地面高压管汇，并戴好安全帽。

(6) 开泵前先检查各闸门是否倒在正确位置。

(7) 一旦发现憋泵应立即停泵，停止作业，检查分析憋泵原因，地面查不到时起钻检查。停泵地面检查期间注意活动井下钻具。

5．蹩跳钻

(1) 合理调配钻井参数。

(2) 使用钻具减震器，使用滚子方补心。

(3) 锁紧大方瓦、小方补心。

(4) 在蹩跳钻井段，井架工每班检查井架销子、游车起升系统、井架上附件的固定情况；司钻每班组织一次设备大检查，发现问题及时处理，不能处理的报告机械技师，机械技师不能处理的报告上级主管部门。严禁设备设施带病运行。

(5) 钻台值班人员站在井架大腿以外安全处。

6．碰天车

(1) 防碰天车装置使用双保险，由安全员每趟起钻时检查一次。

(2) 司钻操作时精力要集中，不起高速车，注意好滚筒上钢丝绳位置和起出钻具的位置，及时摘车。

(3) 遇低速不放气时，立即摘总离合器。

(4) 一旦发现碰天车应立即摘去动力，紧急刹车，井口人员迅速撤离钻台，并立即报告平台经理和机械技师。

(5) 在机械技师的指导下处理碰天车后的现场。

(6) 报告上级 HSE 主管部门。

7．溜钻、顿钻

(1) 操作刹把人员要严格控制，培养学习人员要有计划。未经井队领导确定的人员不能操作，学习人员操作时必须有司钻在场，不得离开岗位。

(2) 不能在大钩有负荷的情况下调节刹车，防止刹车失控。

(3) 刹车带要装好护罩，防止油水进入刹带打滑发生顿钻溜钻。

(4) 更换刹车钢圈上的刹车片时必须保持一致，新旧刹车带、片不能混合使用。除钻进与起下钻外，刹把要用转盘链（或保险链）制动。

(5) 机房检修气路关总闸门或压风机发生故障不能供气时，应首先通知司钻提起钻具或采取措施后才能进行检修。

(6) 钻具起入套管鞋内，吊卡必须坐在转盘上。不能吊起，以防止造成意外顿钻。

(7) 发生溜钻、顿钻，钻压负荷超过允许最大蹩跳钻压1倍（8½″钻头35t，9½″钻头45t）应立即起钻检查。

二、钻井工程事故预防措施

1. 卡钻事故的预防措施

卡钻事故是钻井工程中最常遇到的井下事故，卡钻类型有多种形式，造成卡钻的原因也各不相同。因此，应采取不同的防范措施来防止卡钻事故的发生。

1）预防压差卡钻的主要措施

"压差卡钻"又称为"泥饼粘附卡钻"，即当钻具静止停靠在井壁泥饼上，由井内钻井液液柱压力和地层压力的压差所致，使钻具压紧嵌入泥饼中，因摩擦作用使钻具不能自由活动，从而造成卡钻事故。预防压差卡钻主要采取以下措施：

(1) 合理确定钻井液密度附加值。在保证安全的前提下，最大限度地减少井底压差，避免盲目提高钻井液密度。对于浅井，可采用钻井液密度附加系数法，即钻油层，钻井液密度在地层压力系数的基础上附加 $0.05 \sim 0.10 \text{g/cm}^3$；对于气层，钻井液密度附加 $0.07 \sim 0.15 \text{g/cm}^3$。而对于深井，应采用钻井液液柱压力绝对值附加法，即油层附加 $1.5 \sim 3.0 \text{MPa}$，气层附加 $3.0 \sim 5.0 \text{MPa}$。

(2) 控制钻井液滤失量，降低泥饼厚度，从而减少钻具与泥饼的粘附接触面。在易发生粘附卡钻的地层井段（如造浆厉害地层、高渗透性地层）钻进时，API滤失量应控制在5mL以内，HTHP滤失量控制在 $10 \sim 15 \text{mL}$ 以内。

(3) 降低泥饼摩擦系数。通过在钻井液中加入各种合适的润滑剂（如液体润滑剂、塑料小球和玻璃小球等固体润滑剂）来改善泥饼的表面摩擦性能，使泥饼摩擦系数降低。一般情况下，直井泥饼摩擦系数控制在0.08左右，大斜度定向井泥饼摩擦系数控制在0.05以下，可防止压差卡钻的发生。

(4) 控制钻具在井内的静置时间与泥饼接触时间。当因各种原因钻具在裸眼段静置时，一般不超过3min，在复杂情况下应连续活动钻具。当需要钻具在井内静置时间较长时，应将钻具起至套近鞋以上。

2）预防缩径卡钻的主要措施

井眼缩径有两种情况：一是钻遇塑性流动状地层，如大段盐膏地层在岩石上部覆盖压力及高温的作用下，产生径向塑性流动缩径；二是钻遇高渗透性地层因失水量过大形成厚泥饼使井径缩小，钻头通过困难，造成起下钻遇阻或卡钻。预防缩径卡钻有以下主要措施：

(1) 钻遇塑性地层，根据井下情况，适当提高钻井液密度，平衡地层径向侧应力，抑制塑性地层向井眼方向流动。

(2) 钻遇高渗透性易形成厚泥饼的地层，应严格控制钻井液的滤失量和泥饼厚度。通常采用高效降滤失剂来降低钻井液的滤失量，严禁采用通过增加钻井液中膨润土或其他固相含量的方法来降低滤失量，从而控制泥饼的厚度。

(3) 控制起下钻速度。下钻遇阻及时接方钻杆循环划眼，严禁硬压；起钻遇卡可采用反复上下活动或倒划眼措施，严禁硬拔。

3）预防沉砂卡钻的主要措施

钻井液悬浮能力差、环空上返速度低、钻井液循环短路、因井壁坍塌产生大量的垮物以及钻井液净化处理不好,使钻屑没有及时带出和除净,当停止循环时,大量砂子下沉,埋住钻头及部分钻具或下钻时将钻头压入沉砂段而造成卡钻。预防沉砂卡钻主要有以下措施:

(1) 保证合理的环空上返速度,使用适当粘度和切力的钻井液,以满足携带、悬浮钻屑的要求。

(2) 快速钻进或进行长段划眼时,注意接单根前适当循环钻井液,保证钻屑上返到一定高度,有足够的时间接单根。同时,通常要求在接单根的过程中,尽量缩短停泵时间。

(3) 起钻前充分循环钻井液,以带出井内钻屑。

(4) 钻进中途发生设备故障等到情况时,必须上提钻具,留出足够的沉砂井段,特别是在快速钻进时,循环系统失灵,短时间无法建立循环,此时应立即起钻,不得将钻具长时间置于井内。

(5) 避免钻头长时间在井底静止,或小排量循环,如不能正常施工,须提起钻具,并保持不断活动钻具,如有必要就起出几个立柱,待具备钻井条件时,大排量冲到井底钻进。

(6) 发现泵压升高,岩屑返出多时,及时调整钻井液性能,调整正常后再钻进。

(7) 下钻时距井底至少留2~3个单根的距离,提前接方钻根循环,划眼下放到底。

(8) 用好固控设备,尽量降低含砂量。

4)预防砂桥卡钻的主要措施

由于泥页岩水化膨胀破裂或破碎岩屑垮塌,盐层溶蚀或井深长时间大排量循环冲蚀等,在井内形成"大肚子"井眼或"糖葫芦"井眼,在此种不规则井眼内,容易堆积钻屑,当堆积到一定程度,可能大量下滑,在井径较小处堵塞环空,使钻头或钻具被卡。防止砂桥卡钻的主要措施如下:

(1) 保持钻井液良好的携砂能力、悬浮能力和流变性,提高钻井液对页岩的抑制能力和盐层溶蚀能力。

(2) 提高环空返速。

(3) 加强井身质量控制。

(4) 如发现上提阻力增大,泵压升高,切勿硬提,要下放和转动钻具,使砂桥松散;或小排量顶通,逐渐减轻阻卡,稍正常后再大排量冲洗破除砂桥。

5)预防键槽卡钻的主要措施

当井身质量差、全角变化率大、钻井周期长、钻杆接头靠着井壁旋转及起下钻反复刮拉下井壁时,将形成键槽,起钻时大于钻杆接头直径尺寸的钻铤或钻头进入键槽后形成卡钻。

(1) 在直井段采用与地层相适应的钻具结构和采用合理的防斜措施,保证井身质量;在定向井段最大限度减小井眼"狗腿度",特别是在造斜、降斜、扭方位等作业时,把狗腿度控制在设计要求范围内。

(2) 如果起钻时钻头均在某深度遇卡,并且随钻井时间的延长,其遇卡深度上移,逐渐发展到只能下放,不能上提,但钻进时转动正常,此时如起钻硬拔可导致键槽卡钻。一旦发现此种现象,须及时定期用键槽扩大器破坏键槽。键槽扩大器有滑套式键槽扩大器和固定式键槽扩大器两种,前者在上部井段破坏键槽,且只作专门破坏键槽之用,不宜长时间在钻具中钻进;后者可安在钻具适当位置做随钻破坏键槽作用。

(3) 井队技术员在每次起钻时,记录遇卡井段深度及全角变化率大的井段,及时提醒刹把操作者,控制起钻速度,遇卡不得硬拔,可转换方向上提或倒划眼起出遇卡井段。

6）预防落物卡钻的主要措施

由于操作失误，检查不严，致使井口工具等掉入井内或因套管处的水泥块脱落而造成卡钻。主要通过防止落物入井从而防止卡钻，防止落物卡钻的主要而且是最重要的措施是：

(1) 加强岗位责任心，严格执行操作规程，杜绝违章操作；同时，加强对吊卡、卡瓦等其他井口工具的检查。

(2) 发现井下有落物，必须下打捞工具打捞干净，磨洗落物后的第一只钻头最好带随钻捞杯。

(3) 起下钻作业，使用刮泥器。

(4) 下表层或技术套管时，尽量少留口袋，引鞋及下面两根套管最好点焊或用套管粘胶粘连，钻水泥塞时应通过调整钻井参数等措施保护套管鞋处的水泥环稳固、完整。

2．井漏事故的预防措施

井漏是钻进过程常见的井下复杂情况之一。井漏不仅会耗费钻井时间、消耗大量堵漏材料，而且可能引起井塌、井喷等事故，大量的钻井液漏失甚至造成地下水源的严重污染。从某种角度来讲，井漏事故比某些钻井事故带来的 HSE 风险更大。

产生井漏的原因既有不以人们意志转移的客观因素（如钻遇大裂缝、溶洞），也有主观因素（如人为操作不当产生"压力激动"引起井漏）。一般认为，井漏发生必需具备三个条件：

(1) 井眼系统内存在正压差，井眼内钻井液动压力大于地层孔隙、裂缝或溶洞中流体压力。当井眼系统钻井液液柱所产生的压力足以压裂地层，并使其原有裂逢张开延伸或形成新的裂缝时，发生井漏。

(2) 地层中存在漏失通道，有较大的足够容纳外来液体的空间。

(3) 漏失通道的开口尺寸大于外来液体中固相的粒径。

预防井漏的主要措施：

(1) 合理设计井身结构，特别是井下同时存在高压和漏层井段时，合理地设计套管程序及套管下入深度尤其重要。

(2) 设计合理的钻井液密度，实现近平衡钻井。在防止井喷以及保证井壁稳定的前提下，设计的钻井液密度所产生的静液柱压力应尽可能接近地层的孔隙压力；动压力应小于地层的孔隙压力。

(3) 降低环空压耗。在保证钻屑携带前提下，尽可能降低钻井泵排量和钻井液粘切性能。在钻易漏地层时，控制机械钻速，力求使环空钻屑浓度小于 5%。加重钻井液时，做到均匀加入加重剂，并控制加重速度，每一循环周钻井液密度上升不超过 $0.03g/cm^3$，严防加重过猛而造成环空压耗和动压力骤然增高。

(4) 降低下钻压力激动。在下钻或下套管过程中，控制下放速度，一般每下放一柱钻具或套管的时间应超过 45s，同时做到均匀下放，平稳操作。

(5) 降低开泵激动压力。每次下钻到底或中途开泵时，首先启动转盘，转动钻具，破坏钻井液的结构力，而后小排量建立循环，待钻井液返出正常后，再逐级增大到正常排量。同时应防止憋泵产生过大的激动压力造成井漏。

(6) 调整钻井液性能。对轻微渗透性漏失地层，钻入漏层前可通过增加钻井液中膨润土含量及钻井液造壁性能来防漏；对孔隙性或孔隙—裂缝性漏层，进入该地层前 50~100m，预加堵漏材料,使其进入漏层,封堵近井筒漏失通道,提高地层承压能力,起防漏作用。

3.井塌事故的预防措施

在钻井作业中产生井塌即井壁不稳定,会给钻井操作、地质录井、测井等作业带来危害,不仅影响钻井速度、钻井质量和钻井效益,而且可能给完井后的油气开采带来困难。

井塌的类型与原因有多种,井塌岩层的理化特性及力学性质是导致井壁坍塌的内在因素,而井塌地层的环境改变(塌层的应力变化,如应力释放)及钻井液浸泡、冲刷、滤液侵入则是产生井塌的外在因素。

尽管钻井作业中的防塌问题非常复杂,被视为世界性的技术难题,目前还不能根本解决,但针对所钻进的地层情况,制定具体的防塌措施,是保证顺利钻井、减少井塌事故发生及危害程度的必要手段。通常可以有针对性地采取以下防塌措施。

1)钻井液工艺防塌措施

(1)针对塌层的理化特性,优选相适应的钻井液体系及配方是防塌措施的关键环节,也是防塌是否取得成功的主要措施。如针对泥页岩水化效应引起的井壁坍塌,可选用含钾盐的高矿化度聚合物钻井液、正电胶聚合物钻井液或含有不同防塌剂的抑制性钻井液。严重的水敏性坍塌地层可采用油基或油包水乳化钻井液钻进。

(2)维护良好的钻井液失水造壁性能,利用泥饼的护壁作用,使其在井壁上形成致密而坚韧的泥饼,抵抗液流对井壁的冲刷作用,减少钻井液滤液的侵入量。要求在坍塌地层API滤失量控制在5mL以内,HTHP滤失量控制在15mL以内。

(3)合理控制钻井液流变性。紊流对井壁产生较大的冲刷作用,对保持井壁稳定十分不利。在一定的排量下,钻井液粘切愈低,愈易形成紊流。因此,在保证井眼净化的前提下,适当降低钻井液粘度、切力。

(4)合理设计和维护钻井液密度。针对力学不稳定地层,适当提高钻井液密度,利用液柱压力的作用,防止或减少此类地层的坍塌。

2)钻井工艺防塌措施

(1)在保证带砂的前提下,尽量控制排量及环空返速,使环空液流呈层流状态,避免过大的冲刷作用造成井塌。在胶结不良的疏松长裸眼井段,限制长时间地循环钻井液。

(2)起钻时连续灌满钻井液,避免液面大幅度下降使液柱压力降低。

(3)防止钻头泥包,避免抽汲作用使井壁坍塌。

(4)平稳操作起下钻,在上提、下放、转动钻具时不能过快、过猛,避免产生过大的压力激动和钻具碰撞井壁,产生或加剧井壁坍塌。

(5)加快钻进速度,尽量缩短地层受侵时间,以最短的时间钻穿易塌地层后,下套管固井,封闭易塌地层。

4.井喷预防措施

(1)井队要向全队职工进行工程、地质、钻井液和井控设备等方面的技术措施交底。

(2)落实溢流早期显示观察岗位和"关井程序"操作岗位,坚持井队干部24h值班制度。

(3)所有井控设备、专用工具、消防设备、电气系统应配齐并处于正常状态。

(4)井队须严格执行钻井设计,钻井液密度及其他性能应符合设计要求,检查是否有足够的重钻井液和加重剂储备。

（5）进行班组防喷演习。各钻井班应在 2min 内完成任一钻井作业状态下的关井程序，控制好井口。

（6）钻主油气层上部 50~100m 时，根据预告的地层压力，及时调整好钻井液密度和性能，用钻开油气层的钻井液循环一周，对上部裸眼地层进行承压能力试验。打开防喷器试压到额定工作压力的 70%；节流管汇、闸板防喷器及以下部件试压到闸板防喷器的额定工作压力。

三、钻井作业现场防火和营地火灾预防措施

1. 钻井作业现场防火措施

钻井作业现场的防火措施，要严格按照有关井场防爆、防火规范的要求，制定防范措施，防止火灾的发生。防火措施包括：

（1）严格按照要求配备灭火器材。灭火器应放在规定的地点，并用标鉴注明类型、使用方法和充灌日期，过期的灭火器应及时更换。

（2）井场照明一律采用防爆灯具和防爆开关，导线负荷要达到安全要求，各接线处要密封良好，导线和金属接触部位要用瓷瓶绝缘，探照灯必须专线控制。

（3）井场内严禁烟火。井场口、钻台、循环系统、油灌等禁火区必须挂禁火标志牌。

（4）柴油机排气管每 10~15d 清理一次，消除内部积炭，以防在气层钻进中排气时喷出火星。

（5）值班房、发电房、配电房、油灌距离井口不少于 30m，井场与上级调度部门保持畅通的通信联络。

（6）钻台及机泵房无油污，钻台上下及井口周围禁止堆放易燃易爆物品及其他杂物。

（7）在高压油气层钻井作业中，井场不允许动用明火，特殊作业需要动火，必须严格执行工业动火管理规定。

2. 营地防火措施

营地的防火措施包括但不限于：

（1）按消防规定配备灭火器具，灭火器挂在随手可取的地方。

（2）营地所有照明、用电设备、电气线路应符合电气安装标准，营房必须安装过载、短路、触电保护装置和小于 10Ω 的接地装置。

（3）营房内严禁使用电炉和大于 60W 的灯泡，禁止存放和使用易燃易爆物品。

（4）将防火制度和应急措施贴在每幢营房内，以增强员工防火意识。

（5）对营地的消防设施、照明线路、灯具等用电设施进行定期检查，及时发现隐患及时整改。

四、钻井作业现场环境保护措施

1. 防止水污染措施

（1）钻进中遇有浅层淡水或含水带，下套管时应注水泥封固。防止地下水层被地层其他流体及钻井液污染。

（2）井场周围应与毗邻的农田隔开，不让井场内的污水、污油、钻井液等流入田间或进入溪流，以防场外表层淡水源被污染。

(3) 采用气冲洗钻台、钻具，最大限度地减少污水量。若用水冲洗钻台、钻具、清洗设备的废水已被油品、钻井液污染，不得直接排出井场，应引入污水贮存池，经净化处理后，可再供冲洗钻台或配制钻井液用。

(4) 动力设备、水刹车等冷却水，要循环使用，节约用水。不能循环使用的，要避免被油品或钻井液污染。

(5) 不得用渗井排放有毒污水，以免污染浅层地下水。

(6) 加强对生活垃圾的管理，对排出的废水必须进行达标排放处理。

2. 防止空气污染措施

(1) 钻进中发现地层可燃气体或有害气体溢出，应立即采取有效措施防止气涌井喷，并把可能产出的气体引入燃烧装置烧掉。

(2) 燃烧装置应安装在钻机主导风的下侧，离钻机应有一定距离。

(3) 如果井场靠近城市、村镇、人口稠密区建筑物，燃烧装置点火时应特别小心，要考虑当时的风向和其他因素，并经过演习，指定专人监视火情。

(4) 井场内不得燃烧可能产生严重烟雾或刺鼻臭味的材料。

(5) 对产生颗粒性粉尘污染的作业，如注水泥、配制加重钻井液等，应采用密闭下料系统，防止粉尘污染井场环境。

(6) 动力柴油机排气管应及时清理，防止结炭。

3. 防止噪声污染措施

钻井作业场所的设备噪声应不超过 90dB，特殊设备不得超过 115dB。在城郊钻井，要考虑施工作业的噪声对周围环境的影响，一般不应超过 60dB。通常采取以下减噪措施：

(1) 内燃机应装消音装置或其他减噪措施。

(2) 噪声大的动力设备应布置在井场主导风向的下风侧，办公用房或员工宿舍应布置在主导风向的上风侧，以减轻噪声的影响。

4. 防止钻井液、钻屑及废油污染环境措施

(1) 井场应筑足够容量的废浆池，以便收集事故溢出的钻井液或被置换的废钻井液。在任何情况下，钻井液不得排出井场。

(2) 应配备封闭式钻井液净化装置，钻井中钻井液循环使用，尽量避免用土池作钻井液循环池。

(3) 一般钻井应使用水基钻井液，严格控制使用油基钻井液和毒性大的钻井液。若必须使用时，则应考虑适宜的安全和防污染措施。

(4) 配制钻井液应优先选择低毒或无毒化学剂，严禁使用国际上已禁止使用的有毒化学处理剂。

(5) 所有钻井液化学剂和材料，应有专人负责严格管理，防止破损和由于下雨而流失。

(6) 凡是井场不用的钻井液，二、三次开钻替换的废钻井液，必须妥善储存，防止流失造成污染。

(7) 井内返出的钻屑，应结合现场具体情况妥善处理，不得造成污染。

(8) 井场使用的油料要建立保管制度，经常检查储油容器及其管线、阀门的工作状况，防止油料跑失污染环境。

(9) 收油、发油作业时，要先检查，后输油。输完油后，要先扫线后撤管，消除跑冒滴

漏。

(10) 设备更换的废机油和清洗用废油,应集中回收储存,严禁就地倾倒。

5．完井后的环境保护措施

完井后的井场,由原施工单位移交有关单位管理,井场的环境必须达到接受单位的要求。移交前,应采取以下保护环境措施:

(1) 清除井场内所有废料、废油和垃圾。

(2) 拆除井场内所有地上和地下的障碍物。

(3) 回收转运剩余材料、油料、钻井液、重新利用。

(4) 捞尽污水池和隔油池内的浮油,处理完污水。

(5) 废弃钻井液、岩屑全部固化处理。

(6) 清理生活区,填埋或焚烧生活垃圾;恢复工区周围自然排水通道。

(7) 如果钻井中由于某种原因弃井时,则井眼内外要封堵,必须把油气层、水层封死。并将地下 1m 以上的套管头切除,以便复耕。同时,做好地下隐蔽工程资料档案。

五、预防硫化氢中毒措施

硫化氢是一种窒息性气体,对人的健康和生命构成严重的威胁,对生态环境造成损害。因此,在含硫气田进行钻井作业时,应严格执行 SY 5087—93《含硫气田安全钻井法》的规定,采取预防措施,防止和减轻硫化氢溢出的危害。主要预防措施包括:

(1) 对钻井队员工进行硫化氢防护的技术培训,了解硫化氢的理化性质、中毒机理、主要危害和防护及现场急救方法,提高员工对硫化氢危害的认识防护能力。

(2) 在可能产生硫化氢的场所设立防硫化氢中毒的警示标志和风向标,作业员工尽可能在上风口位置作业。

(3) 在井场配备硫化氢自动监测报警器,或作业人员配备携便式硫化氢监测仪,并保证报警器和监测仪灵敏可靠。

(4) 在可能产生硫化氢的场所工作的员工每人应配备防毒面具和空气呼吸器,并保证有效使用。

(5) 在有可能产生硫化氢的场所作业时,应有人监护;一旦发生硫化氢急性中毒,立即实施救护。

(6) 必需对井场 2km 以内的居民住宅、学校、厂矿等情况进行调查,并告之可能会遇到硫化氢溢出的危害。当这种危害发生时,应有可行的通信联系方法,通知上述人员迅速撤离。

六、恶劣天气危害的预防措施

1．防冻措施

(1) 冬初成立防冻领导小组,按上级防冻指挥机构的统一布置结合本队实际开展防冻工作。

(2) 与当地气象部门取得联系,了解可能出现的最低温度,整个冬季的气候状况,并将收集了解的信息向上级 HSE 管理机构反馈。

(3) 针对当地的气候特点,做好相应的物资储备。如职工防寒服、防滑皮鞋、防冻霜

（膏）、应急油桶、-10号柴油、柴油机防冻液等。

（4）做好预防工作。如包裹油管线，柴油机保温，检查维修野营房的取暖防火设施等。

（5）制定紧急情况的应急措施。制定措施时要考虑人的健康安全。

2．防暑措施

（1）平台经理（队长）、钻井工程师合理组织生产，避免岗位工人长时间连续高温作业。

（2）搞好空调野营房的合理利用，保持空调器的正常运转，为下班工人提供良好的休息环境。

（3）下班职工合理安排娱乐和休息，保证足够的睡眠，避免疲劳上岗。

（4）食堂不从市场上乱买食物，买回粮副食品、蔬菜、肉类合理存放，保质、保鲜。

（5）炊具定期消毒，餐具用一次消毒一次。

（6）职工不乱买食物，高温作业后禁喝冷饮。

（7）医务室储备足够的防（治）中暑药物、食物中毒急救药物、夏季流行病药物。发现流行病例立即送医院隔离。

（8）电工在每月的安全检查中，要对野营房的漏电保护装置，导线绝缘性进行检测，保证其他易燃易爆场所的绝缘、防爆能力。

（9）作业场所通风良好。保持工作设备的良好散热效果。

（10）使用好净水器，保证饮用水符合饮用标准。

（11）卫生员负责督促搞好生产、生活区的环境卫生，厕所定期消毒。

第五章 钻井作业 HSE 应急反应计划

实施 HSE 风险管理,其目的就是通过这套管理来防止各类事故的发生。但一切制度、措施都不是万能的。由于钻井作业的工艺特殊性和作业场所的环境特殊性,各种突发事件随时都可能发生。为了将各种损失降低到最低限度以阻止事态的蔓延和扩大,必须制定一套针对钻井作业活动中各种突发事件的应急计划(或称应急预案),以保证在发生紧急情况时都能做到有条不紊、胸有成竹。

第一节 钻井作业 HSE 应急分类

通过风险分析,提出预防、处置钻井作业中各类突发事故和可能发生事故险情的应急反应计划,并且按照应急的要求,进行严格的训练和模拟演习,提高员工的应急处理能力。当钻井作业中发生各种紧急情况时,能确保员工和国家财产的安全,最大程度地降低各种损失和影响。

根据钻井作业的工艺特点和作业环境特点,应急反应可分为五大类:

(1) 钻井作业中的突发事件;
(2) 人身伤害事故;
(3) 急性中毒;
(4) 有害物质泄漏;
(5) 自然灾害。

钻井作业中的应急分类和应急范围如表 5-1 所示。

表 5-1 钻井作业 HSE 应急分类表

序号	应急类型	应急范围
1	钻井作业突发事件	井喷、井喷失控、火灾、爆炸等
2	人身伤害	烧伤、机械伤害、物体撞击、高处坠落、触电、交通事故等
3	急性中毒	H_2S、CO 以及饮食、饮水中毒等
4	有害物质泄漏	油料、燃料及其他有毒物质泄漏
5	自然灾害	山洪、强台风、暴风雨(雪)、沙暴、雷击、山体滑坡、地震等

第二节 钻井作业 HSE 应急计划内容

应急计划是根据作业项目制定的最重要的 HSE 作业文件之一,通常包括在 HSE 作业计划书内,具有很强的针对性。根据项目调查、风险识别,对在整个作业施工活动中有可能发生的应急事件，制定出详细周密的应急预案，有效地控制和降低突发事件带来的危害和影响。

钻井作业 HSE 应急计划主要包括以下内容：
(1) 应急反应工作的组织和职责；
(2) 参与应急工作的人员；
(3) 环境调查报告；
(4) 应急设备、物资、器材的准备；
(5) 应急实施程序；
(6) 现场培训及模拟演习计划；
(7) 紧急情况报告程序、联络人员和联络方法；
(8) 应急抢险防护设备、设施布置图；
(9) 井场及营区逃生路线图；
(10) 简易交通图等。

第三节 钻井作业 HSE 应急反应体系

建立完善的应急反应体系，包括应急反应组织、应急反应管理、应急反应指挥和应急反应实施系统；从上到下，有可靠的、方便的信息传递系统，保证应急计划的顺利实施。

一、钻井作业 HSE 应急反应组织体系及职责

钻井 HSE 应急组织属于 HSE 管理组织的一部分，当发生重大险情时，应成立临时性的专门机构，如抢险指挥部。通常应急组织分为三个级别。

1．局属 HSE 应急管理机构或应急管理部门

局属 HSE 应急机构或应急管理部门由相应有关的部门人员构成，其主要职能是负责战略管理；对险情发生后发出重要指令；负责向政府报告重大事件和对外发布信息。

2．钻井公司 HSE 应急管管机构或重大险情抢险指挥部

钻井公司 HSE 应急管理机构由相关部门人员组成，当发生重大险情时，可会同当地政府及有关部门组成临时性的"重大险情抢险指挥部"。主要职责是负责传达上级指令；制定或审批应急行动方案；组织抢险救助，包括调动、组织协调有关部门如医疗救护队、公安、消防队参加抢险；组织调运抢险所需的求援设备、物质；支援和指挥一线抢险，实施应急计划。

3．钻井队（平台）现场应急小组

根据本井的具体情况和可能潜在的险情类型，应设立由钻井队长（平台经理）负责的不同应急类型的应急抢险（队）组，如"井喷应急抢险组"、"火灾应急抢险组"等。应急抢险组的成员由与应急抢险类型有关的人员组成。钻井队（平台）现场应急小组的主要职责是建立应急管理制度，制定应急行动方案；执行实施应急计划；负责组织抢险、疏散、救助及通讯联络；检查应急设备、设施的安全性能及质量；组织井队有关人员进行应急模拟演练。现场应急小组和抢险组的成员应根据落实的应急抢险岗位，明确其职责，一旦险情发生，便使其能按分工迅速到岗，有条不紊地实施应急抢险。当险情发生实施应急计划和抢险后，应由

现场 HSE 监督写出应急处理情况报告,并报送上级有关部门。

图 5-1 列出了钻井作业 HSE 应急反应组织体系示意图。

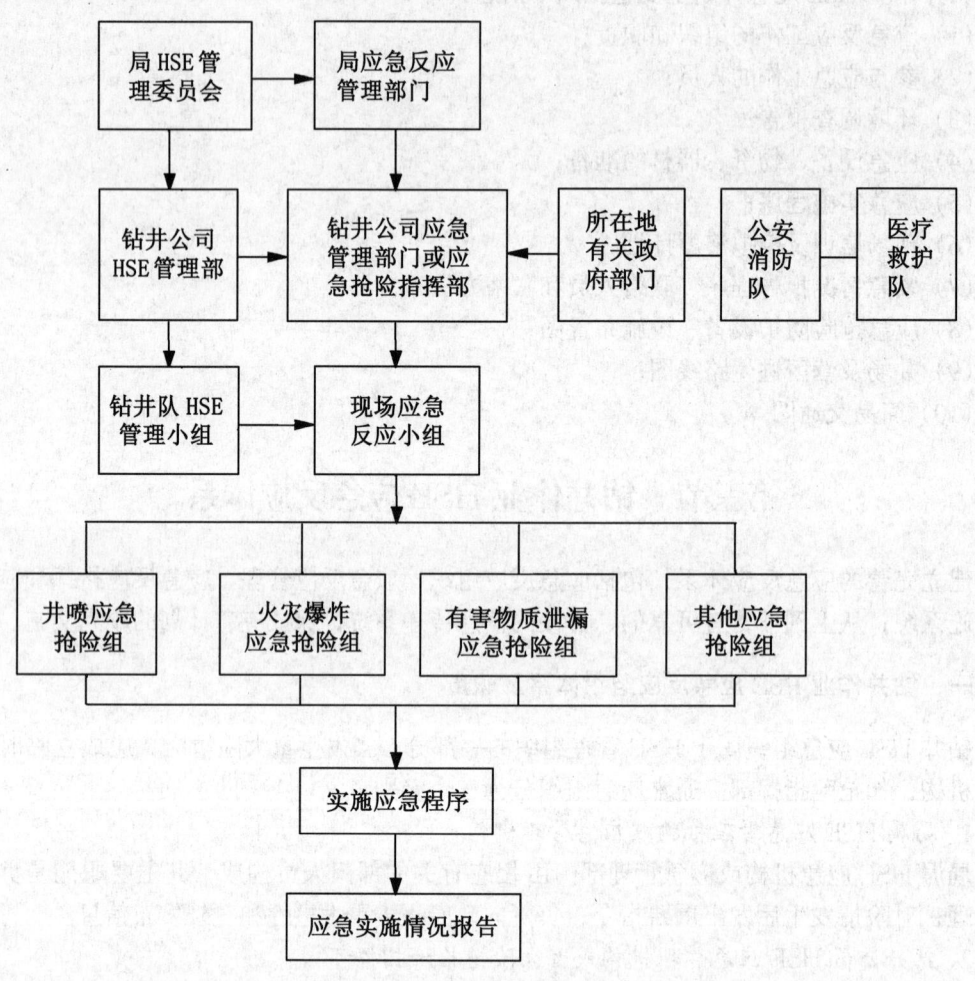

图 5-1 应急反应组织体系示意图

二、应急反应管理

1. 应急反应管理的内容

应急反应管理是 HSE 应急反应体系中的重要环节,内容包括:

(1) 应急反应组织机构和人员的落实;

(2) 应急组织及成员的应急岗位和职责与任务;

(3) 应急反应计划的制定与实施;

(4) 应急抢险防护设备、设施及工具的配置与管理,使其处于良好状态;

(5) 制定紧急情况下的报告制度;

(6) 员工的应急反应培训和应急演习;

(7) 应急反应准备情况的检查;

(8) 发生紧急险情后，实施应急处理的结果报告等。

2. 应急情况下报告程序

当在作业现场发生重大险情后，当事人或目击者应立即报告井队现场 HSE 管理小组或应急小组负责人及有关人员，同时向甲方现场监督报告；然后根据险情的大小逐级向上一级 HSE 管理应急部门报告和向相关方通报，并应注明在紧急情况下向有关部门及人员的联络方法。图 5-2 表示了钻井作业中几种紧急情况的报告程序。

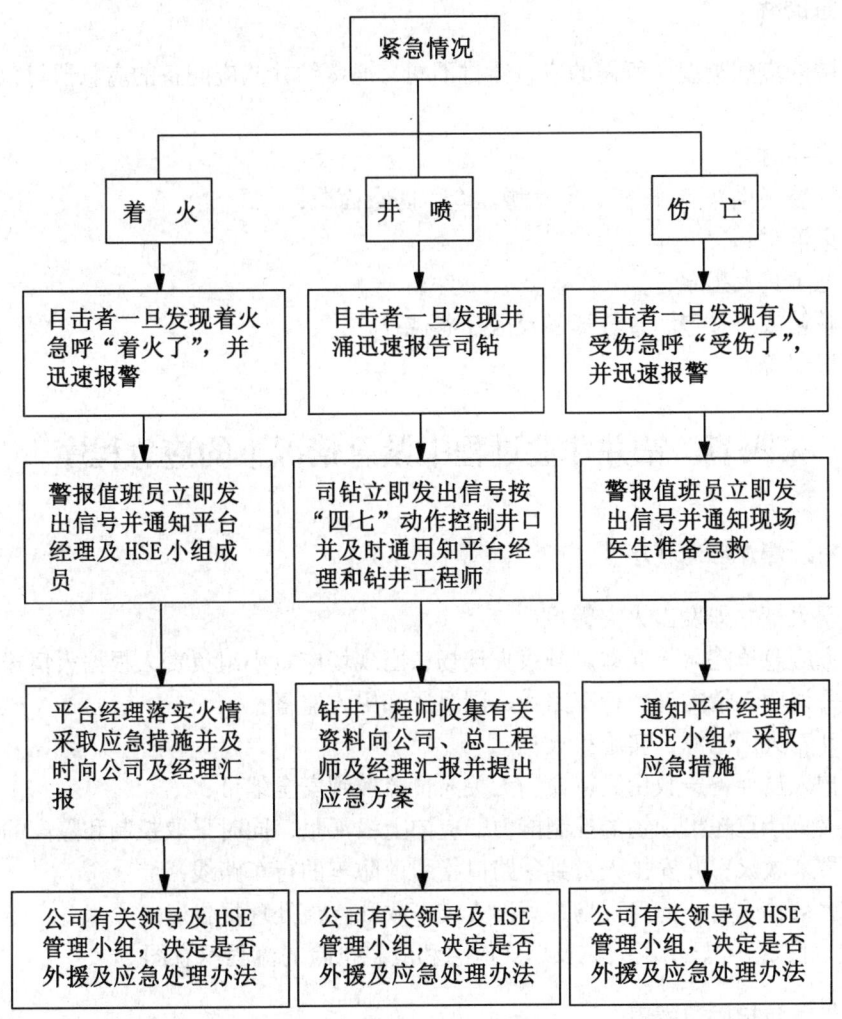

图 5-2 钻井作业中几种紧急情况的报告程序

3. 应急反应实施情况报告

当发生紧急险情后，钻井队应按制定的应急反应计划，实施应急抢险救助和处理。当险情处理完后，应写出应急险情处理实施的情况报告，并报送上级有关部门备案。应急反应实施情况报告的内容包括：

(1) 产生应急险情的类型、时间、地点及场合。

(2) 产生应急险情的原因，是人为的、设备设施的、管理缺陷的，还是自然灾害不可避免的；若是可避免的原因，应对其进行分析。

（3）有无人员伤亡，设备、设施及财产损失情况。

（4）应急险情产生的后果和危害程度，以及对社会、对环境和对企业声誉的影响。

（5）实施应急反应计划和措施的过程，在执行中是否顺利。

（6）应急反应计划和措施的有效性和在减轻危害风险中所起的作用。

（7）应急反应计划和措施的缺陷、不足和改进意见等。

三、应急器材

根据不同的应急类型，所需的应急器材不同，通常钻井队应配备的应急器材包括但不限于：

（1）灭火器材；

（2）氧气袋（罐）、制氧机、空气增压仓、防毒面罩；

（3）通讯器材；

（4）交通工具及担架；

（5）急救箱或急救包、急救药品及医疗器械；

（6）警报器等。

第四节 钻井作业过程中紧急情况下的应急程序

一、火灾及爆炸应急程序

（1）发现火情立即发出火灾警报；

（2）火灾应急抢险队员立即赶赴火灾现场，由现场应急小组负责人根据火情拨打"119"火警电话，并说明火情类型、行车路线、同时通知甲方监督；

（3）断开着火区电源，实施灭火；

（4）救护人员准备急救用具待命，无关人员疏散到安全地带；

（5）若火势严重超出现场的控制能力，应向上级汇报，同时采取控制和隔离的方法等候专业消防队员来救火，并安排人员到岔路口指引消防车的行车路线；

（6）当火被扑灭后，清理现场，写出火灾事故和险情处理报告。

图5-3、图5-4显示了火灾及爆炸应急和应急抢险的流程示意图。

二、硫化氢防护应急程序

（1）一旦H_2S探测仪或录井仪器发出报警，立即通知司钻，并发出硫化氢警报信号（鸣喇叭或电铃）；

（2）听到警报信号后立即戴上防毒面具或氧气呼吸器；

（3）当班人员按"四七"动作控制关井；

（4）应急抢险小组人员立即赶赴井场，按分工各行其职，同时将井上情况向甲方监督通报；

（5）救护人员戴好氧气呼吸器到岗位检查井口是否控制住，有无人员中毒；

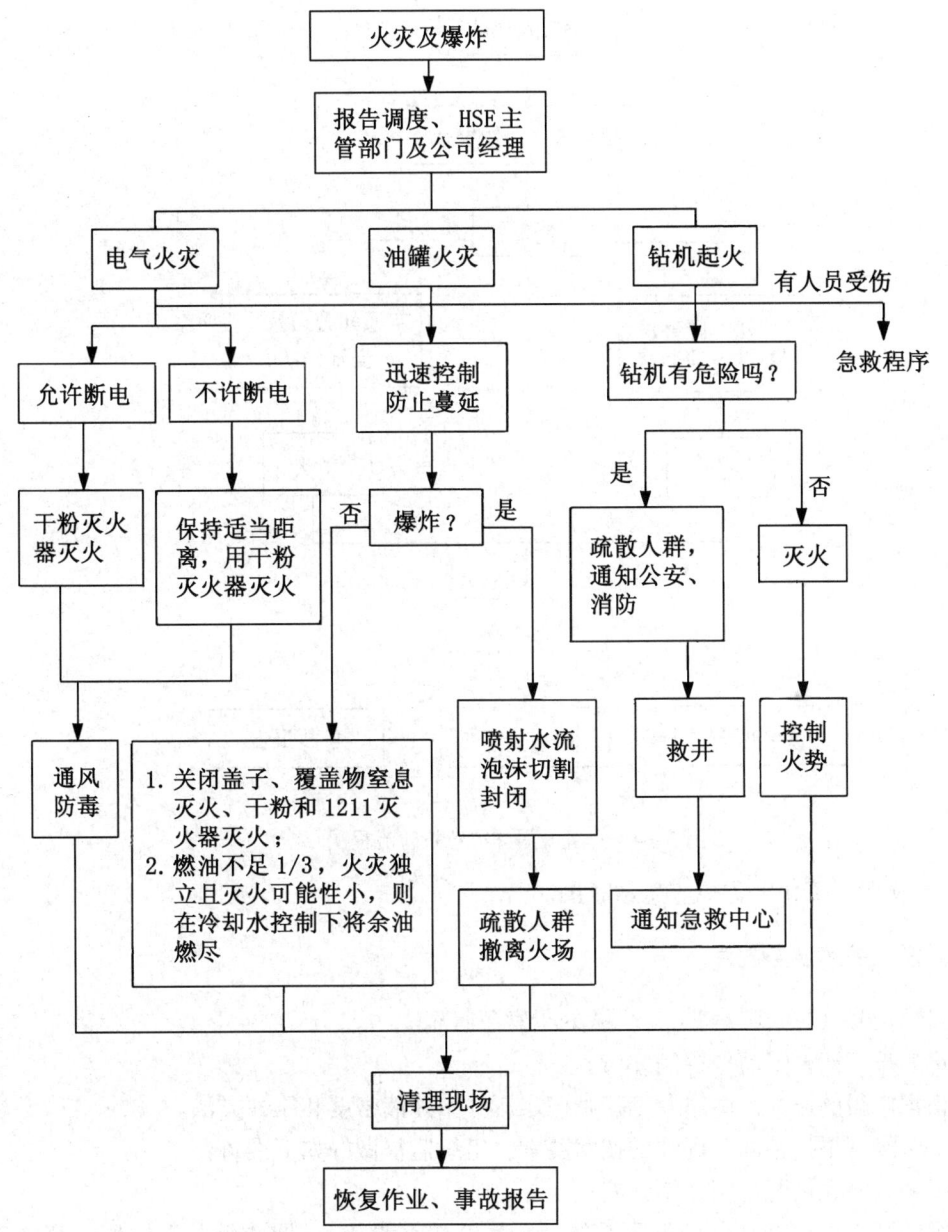

图 5-3 火灾及爆炸应急反应示意图

(6) 若发现有人员中毒，立即抬至空气流通处施行现场急救，同时与挂钩医院联系；

(7) 其他人员全部撤离到上风口集合地点；

(8) 由平台经理和钻井工程师组织处理消除井内的硫化氢外溢工作；

(9) 若硫化氢含量低于 10mg/L，可进行循环观察，决定是否恢复生产，若硫化氢含量高于 10mg/L，则应循环压井，直到最终控制住气侵；

(10) 险情解除后写出应急险情处理情况报告。

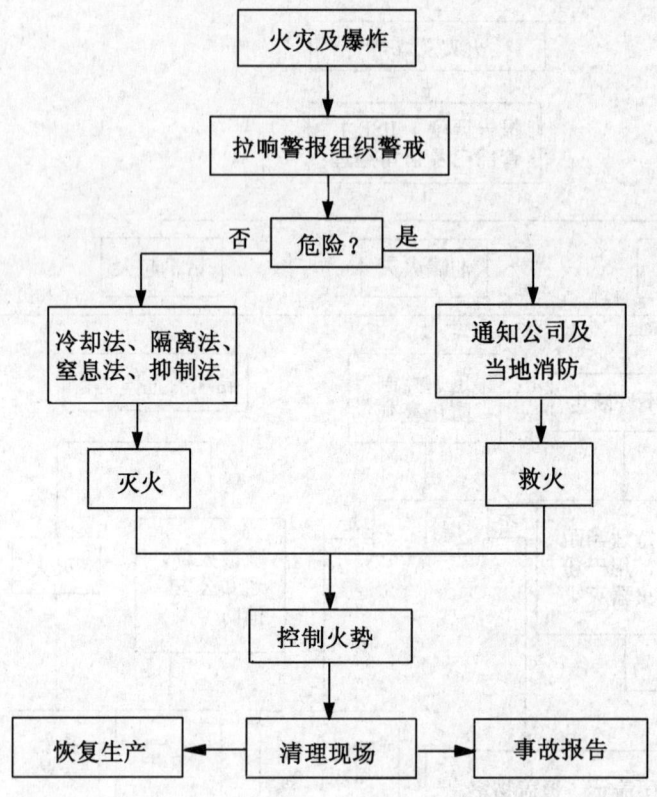

图 5-4　火灾及爆炸应急抢险流程图

图 5-5 显示了硫化氢防护应急示意图。

三、井涌、井喷应急程序

（1）发出信号（打长鸣喇叭），全队处于紧急状态。
（2）迅速按"四七"动作控制井口。
（3）根据求得的压力，由钻井工程师确定压井钻井液密度和压井方法。
（4）平台经理根据钻井工程师的技术要求，组织监督做好如下准备：
①组织钻井液人员配足压井钻井液；
②组织钻井人员检查钻井液循环系统、排气装置（设施）、回收钻井液线路、容器，2台泵的上水情况、保险阀等是否满足压井施工的需要；
③指定专人监视立套压变化，并每隔 15min 向钻井工程师报告一次；
④组织钻井工检查 4 条放喷管线，看固定有无松动，出口有无障碍物、有无在附近活动的人，测定风向；
⑤安全员检查氧气呼吸器，并把能用的搬至方便位置，检查消防器具；
⑥卫生员准备担架、氧气袋、急救箱到井场待命；
⑦全队其他员工到井场待令。
（5）钻井工程师在情况允许的条件下向钻井公司或调度室汇报。

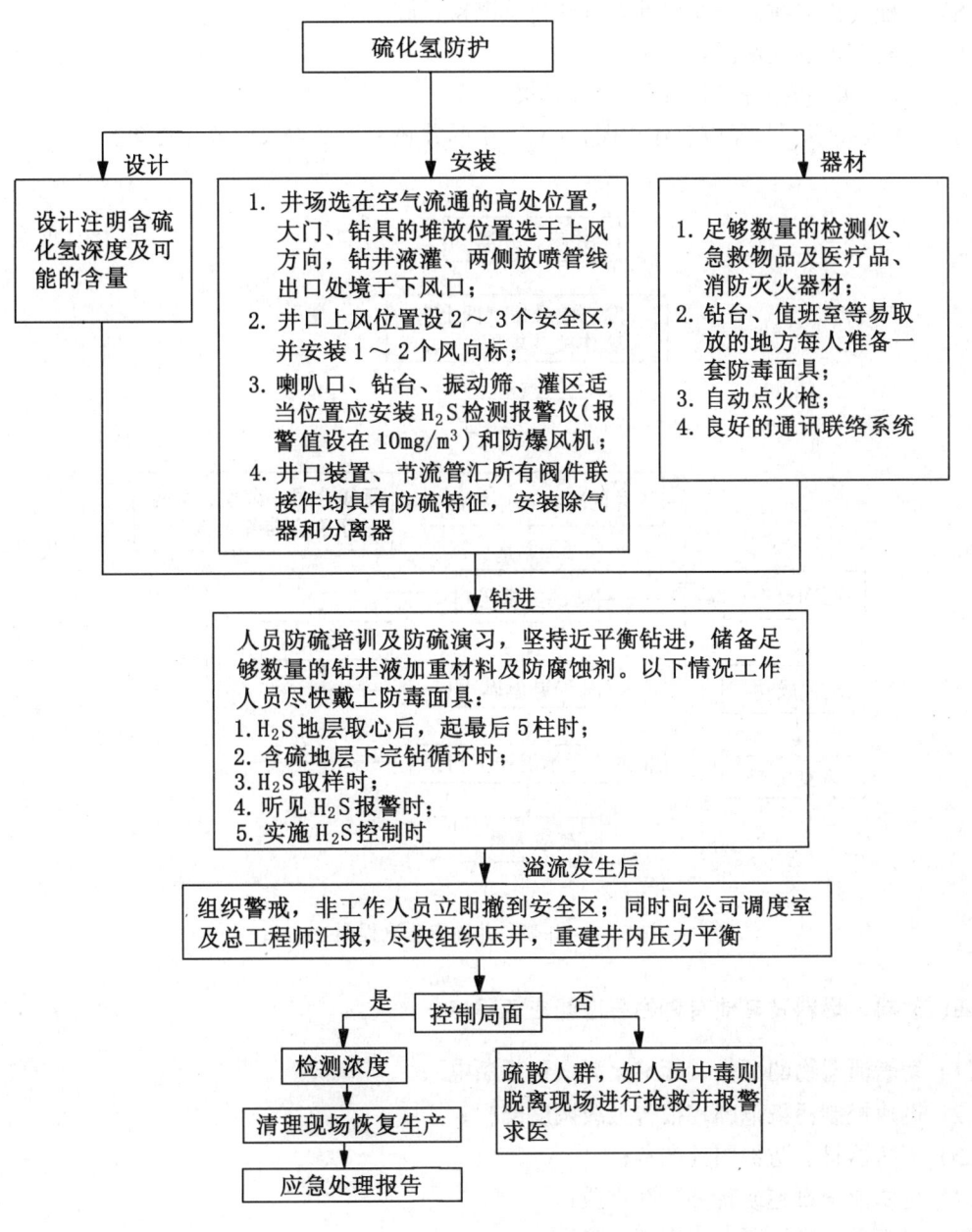

图 5-5　硫化氢防护应急流程图

（6）钻井工程师主持实施压井作业。

（7）在压井准备或压井作业过程中出现异常情况，致使关井压力超过最大允许关井压力值时，则根据已测定的风向选择管线放喷，这时须持续以下程序：

①停止动力机工作，停止向井场供电；

②组织非当班人员在各路口设立警戒，同时由近及远地疏散当地居民；

③当班人员卡牢方钻杆死卡，并用⅞″钢丝绳绷紧；

④当班人员接好消防水管线正对井口，接好通向防喷四通的注水管线（注意带单向阀）。

(8) 含硫气田应在井场入口处安置硫化氢测检设施。
(9) 落实充足的供水源。
(10) 向上级调度室汇报，请示上级救援。
图 5-6 为井喷、井涌应急流程图，图 5-7 为井喷失控及着火应急流程图。

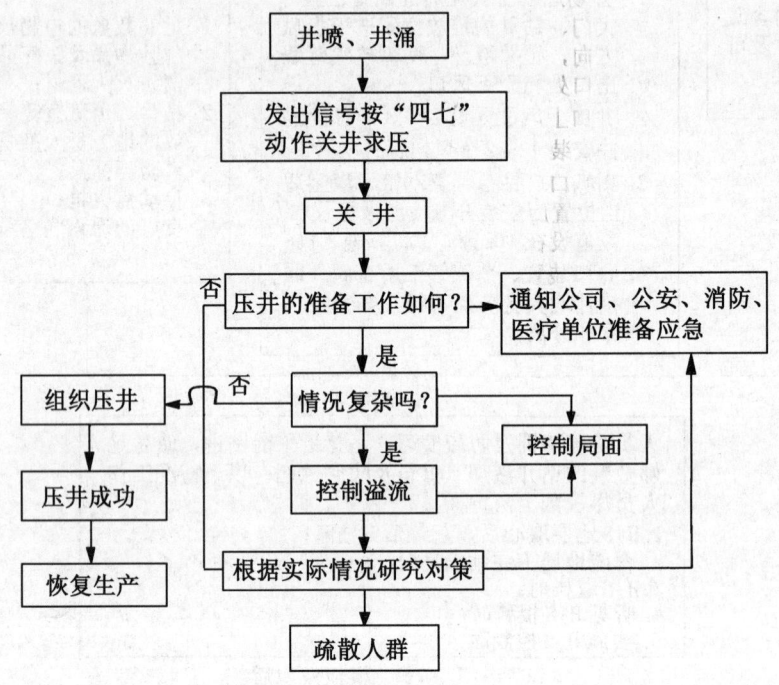

图 5-6 井喷、井涌应急流程图

四、油料、燃料及其他有毒物质泄漏应急程序

(1) 切断泄漏物的源头，杜绝火源（包括断电）；
(2) 迅速控制污染范围，报告上级调度部门；
(3) 消防器材、防护用具准备；
(4) 抢修泄漏设施或转移泄漏物质；
(5) 清理受污染场所；彻底消除隐患；
(6) 恢复作业，写出事故报告。
图 5-8 为油料、燃料及其他有毒物质泄漏应急程序图。

五、放射性物质落井的处理应急程序

(1) 一旦发生放射源落井后，测井公司应立即向上级生产、技术安全与环保部门就带源仪器落井情况提出报告，同时向甲方监督通报情况。
(2) 测井部门应与钻井队配合，提出处理措施，积极进行打捞。
(3) 如无法打捞，钻井队应及时向上级主管部门汇报，经主管部门批准后，由油田环保

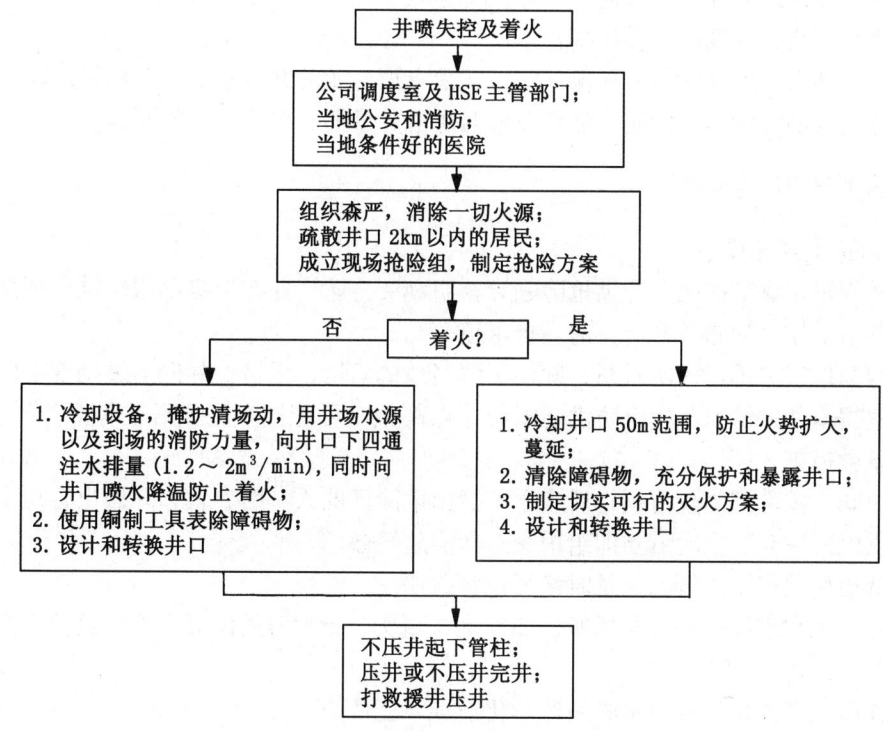

图 5-7　井喷失控及着火应急流程图

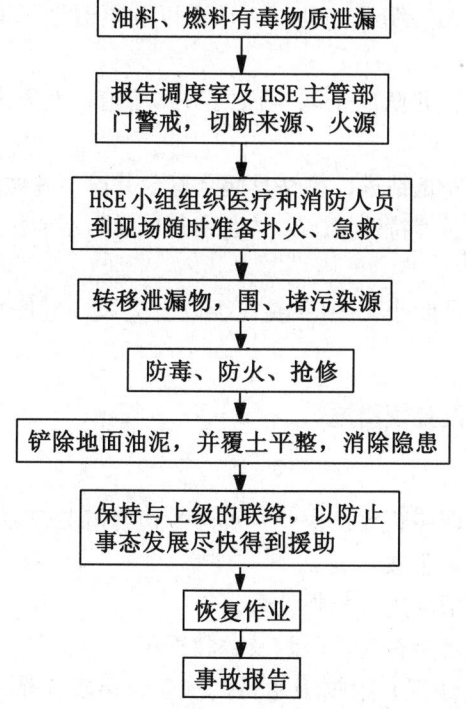

图 5-8　油料、燃料及其他有毒物质泄漏应急流程图

部门向井场所在的地方环保部门通报,并提供包括井的位置、放射源落井日期、落入方式、放射源种类、性质、强度等内容的报告。

(4) 油田环保部门会同地方环保部门,在落有放射源的井口建立永久性标志牌,标志牌上应有落井放射源的种类、性质、强度及放射源落井日期、落入深度等到内容。

六、恶劣天气应急程序

1. 暴雨洪水应急程序

(1) 暴雨洪水季节前成立防洪抢险领导小组和突击队,并在上级部门防洪指挥部门的领导下开展预防工作(如储备物资,清理排水道等)。

(2) 与当地气象部门密切联系,确切了解当地的雨情、汛情,并向上级调度部门反馈。

(3) 根据本井的情况,找出防洪防汛的重点部位(可能被水淹、滑坡等部位),制定发生险情的急救措施。

(4) 得知气象部门的险情预告后应立即撤出危险区的人、财、物,并做出合理安置,停止向险区供电。一旦发生险情立即组织突击队实施急救。

(5) 暴雨后检查受损情况,及时恢复正常秩序。

(6) 对受洪水淹没过的公共场所,如食堂、厕所、野营房周围等由卫生员组织进行消毒处理。

(7) 在洪水期的生活饮用水必须经净化消毒才能使用。

2. 其他恶劣天气应急程序

(1) 井场局部考虑季节风的风向、风频,井架大门方向应尽可能背向季节风方向。

(2) 大风季节加强对井架、绷绳基础、活动房以及电器设备的检查,发现问题及时整改。

(3) 接大风预报警报后,井队应采取全面的防风措施,大风来临前不安排电测、下套管、固井等特殊作业。

(4) 遇8级以上大风应停止钻进,将钻具起至安全井段,并做好防卡工作。

(5) 对于钻遇井漏、井涌等特殊情况,又遇到狂风暴雨不能作业时,以保井为主,临时采取措施进行处理。

(6) 遇雷、电、雾等能见度小于30m或6级以上大风,应停止吊装、拆卸作业,并严禁起放井架和高空作业。

七、现场医疗急救程序及处理措施

1. 现场医疗急救程序

(1) 发现人员受伤,立即停止致伤作业,观察受伤者情况,并立即报告卫生员(中毒则立即将伤者转移至安全地带再急救)。

(2) 卫生员到场后根据情况进行急救处理。

(3) 卫生员根据伤情决定是否送往医院及急救程序。

(4) 钻井队队长(平台经理)根据卫生员的决定,落实车辆、线路、医院、护理人员等。

(5) 钻井队队长(平台经理)向公司汇报,必要时公司与急救中心联系并采取救援措施。

(6) 护理人员必须将病员在医院的变化、治疗情况向上级医疗卫生部门汇报。

(7) 井队送走伤员后立即查找原因，落实整改或采取防范措施后恢复作业。

(8) 提交事故情况及处理报告。

2. 现场医疗急救处理措施

1) H_2S 中毒急救处理措施

(1) 迅速将中毒者转移到新鲜空气处，脱离污染区。

(2) 立即吸氧、推注葡萄糖水，有心跳呼吸停止者立即做心肺复苏术。

(3) 静脉推注 50% 葡萄糖水加维生素 C。

(4) 对眼部症状，可用 2% 碳酸氢钠液洗眼或氯霉素眼药水。

(5) 病人状况平稳后，转送至医院住院治疗。

(6) 硫化氢中毒病人现场急救十分重要，切忌盲目转送或过多地扳动病人，以防贻误抢救时机，增加死亡或恶化病情。

2) CO 中毒急救处理措施

(1) 脱离环境。

(2) 吸氧。

(3) 放血换血一半（2000mL）。

(4) 治疗并发症：脑水肿。

3) 电击伤急救处理措施

(1) 切断电源。

(2) 如心跳、呼吸停止，可进行口对口呼吸和心脏按压术。

(3) 饮糖水。

(4) 用调节神经的药物。

(5) 镇静药。

4) 昏迷急救处理措施

(1) 针对病因治疗。

(2) 支持疗法，即维持呼吸道通畅，建立输液通道，纠正酸碱失衡，维持血液系统正常。

(3) 苏醒剂的应用。

(4) 根据病情，必要时转就近医院治疗。

5) 休克急救处理措施

(1) 平卧稍抬高下肢，给予吸氧、保暖。

(2) 针对病因治疗。

(3) 支持疗法。

(4) 根据病情及时转院。

6) 骨折急救处理措施

(1) 固定伤肢（用三角巾、绷带、急救包、木板夹、担架）。

(2) 开放性骨折如有出血，先止血后应用无菌纱布或干净布覆盖伤口，并加以包扎后再固定；

(3) 应用止痛剂;

(4) 迅速转往就近医院治疗。

7) 烧烫伤、酸、碱和化学品灼伤急救处理措施

(1) 脱离致伤场所（灭掉伤员身上的火），若是酸、碱等化学品所致的伤，应用清水长时间冲洗。

(2) 必要时止痛、镇静。

(3) 纠正休克。

(4) 纠正脱水。

(5) 转院治疗。

8) 溺水急救处理措施

(1) 迅速将溺水者营救出水，清除呼吸道异物，用开口器开口。

(2) 根据情况进行倒水处理。

(3) 人工呼吸与胸外心脏按压同时进行。

(4) 应用有关急救药物。

(5) 酌情转院。

9) 食物中毒急救处理措施

(1) 催吐、洗胃、导泻。

(2) 针对病因治疗。

(3) 纠正电解质与酸碱平衡紊乱。

(4) 酌情转院。

10) 药物过敏急救处理措施

(1) 肾上腺素 1mL 皮下注射。

(2) 氟美松 10mg 皮下注射。

(3) 输液。

(4) 吸氧。

11) 急性传染病处理措施

(1) 立即对病人进行隔离。

(2) 对症处理。

(3) 对现场进行消毒。

(4) 转医院治疗。

12) 高温中暑急救处理措施

(1) 离开高热环境，到通风良好和阴凉的地方休息。

(2) 降温。

(3) 纠正水、电解质与酸碱紊乱。

(4) 根据病情，必要时送医院治疗。

第五节 变更管理

在钻井勘探作业的实施过程中，由于人员、技术、设施以及其他方面的改变，可能影响

钻井队 HSE 作业计划的正常实施，甚至对健康、安全与环境造成潜在危险。因此需要进行变更管理。变更管理的内容包括：对变更及其实施可能导致的健康、安全与环境风险做出记录和进行评审；对由主管部门批准实施的变更要形成文件；制定减少变更影响的具体实施程序等。

一、技术变更

采用新的钻井工艺新技术，并运用到生产实践中，无疑会提高钻井质量和速度。但由此可能会破坏危及原有的安全保护系统，对新工艺、新技术的掌握，也有一段适应的过程。为减少对作业人员的健康、安全危害，避免环境污染或因不适应新工艺、新技术而造成失误带来损失，进行技术变更时应同时做好以下工作：

（1）针对采用的钻井新工艺或新技术，对可能产生对健康、安全与环境的危害风险进行识别与评估，从而修改或重新制定新的预防和削减风险的措施。

（2）当使用新的钻井液体系或引用新的钻井液化学处理剂时，须进行毒性试验和对人员健康及环境影响的评价，并制定相应的保护措施。

（3）在钻井施工中往往会因地质或其他方面的原因改变钻井设计或原定的施工方案，由此可能会产生新的 HSE 危害风险或原定的风险防范措施不再有效或不适应，需要制定新的措施。

（4）当引进某项钻井新工艺或新技术时，应针对新工艺或新技术的特点，对所有员工进行培训。培训的内容包括新工艺或新技术的掌握；新工艺或新技术可能带来哪些新的对作业人员健康、安全和对环境方面的危害以及防止、减轻和处理这些危害的措施、方法和技能等方面的知识。

二、设备变更

设备的变更包括设备的改造升级和设备的更新以及新增加设备，同时也可能带来新的对健康、安全检查与环境的危害问题，如更换或新增大功率动力设备，就可能增加环境噪声和增大废气污染环境的危害。为避免因设施变更带来的危害，当设施发生变更时应考虑以下几方面的问题，以制定相应的措施。

（1）对变更的设备、设施的安全性、可靠性以及设备结构设计和布局设计的合理性进行评估，是否能造成对人员健康、安全与环境的危害。

（2）变更的设备、设施与原有设备和设施是否匹配，是否会影响原有设备、设施的安全性和可靠性。

（3）变更设备工作性能和操作条件的明显变化，如压力、温度、流速等变化是否会增大潜在的 HSE 风险。

（4）若变更设备的操作方法与原有设备的操作方法有很大的差别，应对操作人员进行培训。

（5）针对设备变更带来的 HSE 危害风险，应制定新的防范措施和减轻危害风险措施。

三、人员变更

由于人员变更改变或补充的组织机构成员、设备监督员及操作人员，为了保持其基本能力和 HSE 管理工作的一致性和连续性，应针对油气资源开发和钻井作业的特点进行必要的培训。当员工的岗位改变或设备操作人员发生变更时，须针对新岗位的要求进行培训，对特殊工种需持证上岗的，必须经培训考取合格证后方能上岗。新参加工作的员工必须经过 HSE 培训，取得培训合格证后才能上岗。

四、法律、法规变更

公司和钻井队应研究和评价已颁布的或新的法律、法规内容，使健康、安全与环境管理体系（作业计划书）与这些规定的要求相适应。当有关法律、法规变更后，HSE 计划及相应的措施必须重新制定和修改。

五、变更程序

在钻井过程中，由于因钻井工艺技术或钻井设计改变、钻井设备设施更换、钻井人员更换以及有关 HSE 法律法规（或标准）的变化等，制定的钻井作业 HSE 计划的内容以及措施，就有可能不适应健康、安全与环境保护的要求，因此需要更改。此外，由于某种原因造成编制 HSE 计划的失误，也需要对原计划书进行修改，以免造成更大的损失。

变更的程序如下：

(1) 对上述变更（技术变更、设备设施变更、人员变更）后可能产生对健康、安全与环境的风险进行识别和评估；

(2) 根据评估的结果，重新制定或修改原来的计划和措施；

(3) 将重新制定或修改的计划和措施报送有关部门审查与审核；

(4) 批准签发并按新的计划书制定的措施执行。

第六章　钻井作业 HSE 两书一表的编制

钻井作业 HSE 两书一表，即"钻井作业 HSE（工作）指导书"、"钻井作业 HSE（工作）计划书"和"钻井作业 HSE 管理检查表"，是指导和实施 HSE 管理的重要作业文件，是钻井队（平台）运行 HSE 管理体系的具体体现，是预防 HSE 风险的有效措施。根据有关健康、安全与环境的法律、法规以及作业者的要求，结合钻井队（平台）自身的需要，在进入钻井作业现场前，组织有关人员（钻井队长、HSE 监督、有关技术人员）到钻井作业现场进行井场周围地理环境、地貌特征、交通及民用设施等到方面的综合调查，写出调查报告，对本井作业中可能带来的对健康、安全与环境方面的危害进行识别和评估，并提出预防 HSE 风险的措施、减轻建议、应急计划，为编制两书特别是 HSE 作业计划书提供依据。

"两书一表"通常由负责 HSE 管理的有关人员、相关的技术专家或有经验的技术人员进行编制，初稿完成后交项目负责人审查修改，然后再交指定专家审核。根据专家审核意见修改定稿，由公司 HSE 管理小组进行讨论认可后，由主管健康、安全与环境的领导签发批准实施。

钻井作业 HSE 两书一表的编制，应严格按照中国石油天然气集团公司中油质字[2001]199 号文件"关于印发《中国石油天然气集团公司 HSE 作业指导书编写指南》（试行）、《中国石油天然气集团公司 HSE 作业计划书编写指南》（试行）"的通知进行。

第一节　钻井作业 HSE 指导书的编制原则和要求

钻井作业 HSE 指导书是 HSE 管理体系文件的重要组成部分，是对钻井岗位 HSE 工作的基本要求，是支持而不是取代现有的岗位操作规程和 HSE 作业文件，是钻井队（平台）运行 HSE 体系的具体体现，是预防事故的有效措施，对现场作业的 HSE 管理和实施起着指导作用。

在编写钻井作业 HSE 指导书时，要在总结作业规程和 HSE 管理经验的基础上，组织有关的管理人员、专家和有经验的岗位操作人员进行编写。二级单位（钻井公司）可集中人力和精力，共同开发一套钻井队钻井作业 HSE 指导书来指导本公司钻井现场的 HSE 工作。

一、钻井作业 HSE 指导书的编制原则

钻井作业 HSE 指导书主要体现 HSE 管理中"共同性"、"普遍性"、"通用性"和"指导性"原则。贯彻 HSE 管理体系及相关法律、法规要求，落实岗位 HSE 职责，削减和控制岗位 HSE 风险。一般来说，钻井作业 HSE 指导书实用的时间长、范围广，内容相对固定或"静态"不变。适用于本公司大多数钻井队作业中的健康、安全与环境管理实施的指导，并保持相对稳定，一般不随项目改变。

二、钻井作业 HSE 指导书编制的基本要求

HSE 指导书是指导实施 HSE 管理的正式书面文件,应体现严肃性和严谨性,内容和格式应严格按照《中国石油天然气集团公司 HSE 作业指导书编写指南》(试行)和编写规范的要求进行编制,术语和定义应符合 SY/T 6276—1997 标准和《中国石油天然气集团公司 HSE 管理体系管理手册》。内容的描述应符合 HSE 和 OSH 标准、HSE 相关的法律法规、公司管理体系文件的要求。

三、钻井作业 HSE 指导书的结构

1. 篇章结构

钻井作业 HSE 指导书包括但不限于以下几部分内容:
(1) 封面(例1);
(2) 审核(审批)项(例2);
(3) 目录;
(4) 正文;
(5) 附录。
除此之外,还可增加编写说明、更改记录等项内容。

2. 内容层次结构

钻井作业 HSE 指导书的内容分为六个层次:
(1) 概述部分;
(2) HSE 管理描述;
(3) 作业情况和岗位分布;
(4) 岗位职责的操作指南;
(5) 危险及控制;
(6) 记录与考核。

其中概述部分包括:目的和范围、作业概述和组织基本情况,以及对指导书中所涉及到的特殊或特定的术语给出定义。此部分可作为前言或编写说明。

第六章 钻井作业 HSE 两书一表的编制

[**例1**] 钻井作业 HSE 指导书封面参考样式

×××钻井公司
HSE NO：

钻井作业 HSE 指导书

队　　员＿＿＿＿＿＿＿

钻机编号＿＿＿＿＿＿＿

平台经理＿＿＿＿＿＿＿

＿＿＿＿＿＿＿钻井公司

年　　月　　日

[例2] 审查（审批）项参考样式

编　　号	
日　　期	
钻井（平台）	
编写单位	
参编人员	
编写负责人	（签字）　　日　期
审 查 者	（签字）　　日　期
审 核 者	（签字）　　日　期
批　　准	（签字）　　日　期

HSE 指导书受控范围：
　　　呈　报：
　　　呈　送：

第二节 钻井作业 HSE 指导书正文的编写

根据中国石油天然气集团公司 HSE 指导书编写指南的要求，正文的内容包括以下五大部分：
(1) HSE 管理体系；
(2) 组织结构；
(3) 岗位 HSE 职责；
(4) 风险及控制；
(5) 记录与考核。

一、HSE 管理体系

指导书应对二级单位（钻井公司）已经建立的 HSE 管理体系进行简要描述，展示 HSE 管理水平。内容包括 HSE 承诺、HSE 的管理方针、目标，以及根据上级（钻井公司）的 HSE 方针、目标分解到钻井队的具体指标。钻井队制定的 HSE 控制指标应与上级的方针和目标一致。

1. HSE 承诺

指导书中应将上级公司（管理者）HSE 的承诺展示出来，如钻井队的作业范围涉及到不同的国家和地区，HSE 承诺就要考虑适合所在国家和地区的法律、法规要求，向社会、员工和相关方做出承诺。

HSE 承诺的内容包括对 HSE 管理体系政策、战略目标和计划的承诺，有效实施 HSE 管理措施的承诺，以及对员工 HSE 行为的期望等。

[例 3] 某钻井公司的承诺

为了贯彻落实健康、安全与环境管理的方针、目标，使 HSE 管理在本公司得到有效的实施，实现 HSE 管理目标，××钻井公司经理承诺：
(1) 严格遵守（××）国家，有关健康、安全与环境管理方面的法律、法规和要求；
(2) 员工是我们公司的最大财富，没有什么比我们员工的安全和健康更加重要；
(3) 员工有权拒绝有违于 HSE 管理的任何指令；
(4) 创造健康、安全、文明、舒适的工作和生活环境，确保员工的身心健康；
(5) 在全球所有地方，我们将致力于在环保方面的最高标准。

××钻井公司经理：（签字）
年　月　日

2. 钻井作业 HSE 管理方针和目标

1) HSE 管理方针

钻井作业 HSE 指导书中管理方针应是所建 HSE 管理体系上级单位（钻井公司）的 HSE 管理方针。此外，根据钻井作业所在国、当地政府有关健康、安全与环境保护法律、法规，以及中国石油天然气集团公司、局和上级钻井公司有关 HSE 管理规定和方针，可提出本钻井队（平台）的 HSE 管理方针。通常包括但不限于以下内容：

（1）执行施工所在国和当地政府有关健康、安全与环境保护的法律、法规及有关标准；

（2）遵守作业者有关健康、安全与环境保护方面的规定及要求；

（3）坚持"以人为本、预防为主、防治结合、持续改进"的原则；

（4）维护健康，创造安全舒适的生产环境和生活环境是全体员工的责任和义务；

（5）为员工提供进行安全作业所需的设备、用品是义不容辞的责任；

（6）对任何违反健康、安全和环境保护政策、法规和规定明知故犯者，将受到纪律处分；

（7）建立监督、检查、评审制度，使健康、安全与环境管理工作得以实施。

2）HSE 管理目标

把上级公司的 HSE 管理目标写进指导书，便于钻井队根据上级公司健康、安全与环境管理的方针和目标实施 HSE 管理。也可结合本钻井队的实际情况，制定出本队或本口井整个钻井活动中具体的 HSE 控制目标。在制定管理目标时，应遵循"合理性、客观性、可验证性和可实现性"的原则。HSE 管理目标的内容如下：

（1）经常对员工进行健康、安全与环境保护方面的宣传、教育与培训，不断提高员工的健康、安全与环境保护的意识和水平；

（2）将健康、安全与环境保护管理工作贯穿于钻井施工的全过程，使各种风险降低至最低程度；

（3）创造安全和健康的工作环境，确保每位员工的健康与安全，提高工作质量；

（4）杜绝或尽可能减少环境污染，保护生态环境，把钻井作业中对环境的影响降低到最小程度；

（5）向无事故、无污染、树立一流企业形象的目标迈进。

3. HSE 指标

根据上级公司的管理目标，进行分解，制定出本队或本口井的具体的、可达到或应该达到的健康、安全与环境管理指标。HSE 控制指标应强调与上级公司的 HSE 方针和目标一致。钻井队 HSE 控制指标通常包括：杜绝重大人身伤亡事故、杜绝井喷及井喷失控事故、杜绝重大环境污染事故，以及控制其他事故率、污水排放量、污染治理率等具体指标。

[例4] 某井 HSE 管理控制指标

项　　目	设计与要求	控制指标	达标情况
井深，m	4500	4500	
周期，台月	8.16		
可控成本，万元	729.9	679.9	
钻井事故损失时间，%	<2	<2	
井身质量，%	100	100	
固井质量，%	100	100	
井喷事故	0	0	
火灾事故，人/百万工时	0	0	
死亡人数，人/百万工时	0	0	
轻伤人数，人/百万工时	1.41	1.4	

续表

项　　目	设计与要求	控制指标	达标情况
重伤人数，人/百万工时	0	0	
环境污染事故	0	8	
污水外排达标率，%	>100	>100	
污染治理率，%	100	100	
员工体检合格率，%	100	100	
员工 HSE 培训合格率，%	100	100	
…			

二、组织结构

1. 管理模式

说明钻井队隶属关系，生产经营性质、范围，主要技术装备，以及生产管理模式和 HSE 管理网络。要求画出生产管理组织结构图（例 5）、HSE 管理网络结构图（例 6），并要求明确其相应职责。

钻井队通常隶属钻井公司或钻井分公司，为国有企业。钻井队所从事的生产活动范围主要是为石油、天然气、地下水、地热和地下矿藏等资源的勘探开发钻井。主要的技术装备包括井架、天车、游车、大钩、水龙头、柴油机、发电机、钻井泵等，并以一览表的形式列出。

[**例 5**] 某钻井队隶属关系与生产管理组织结构图

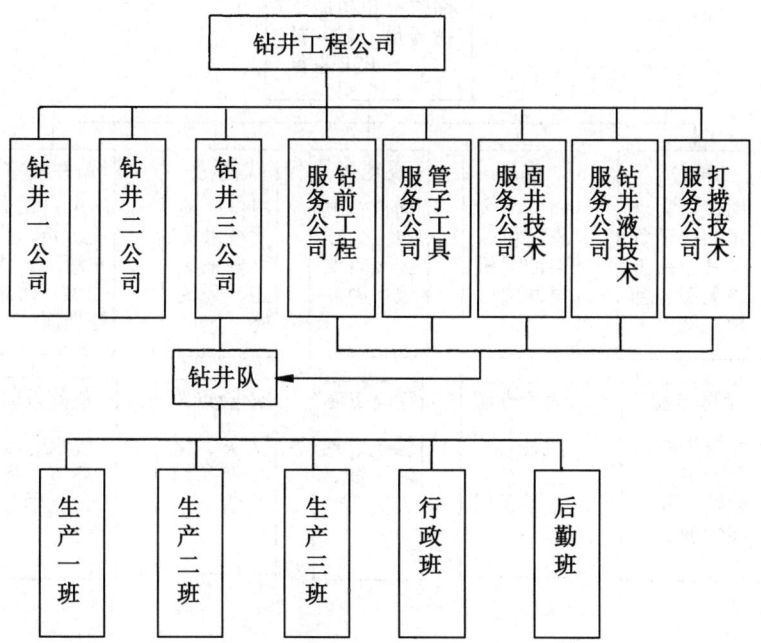

[例 6]　钻井队 HSE 组织网络图

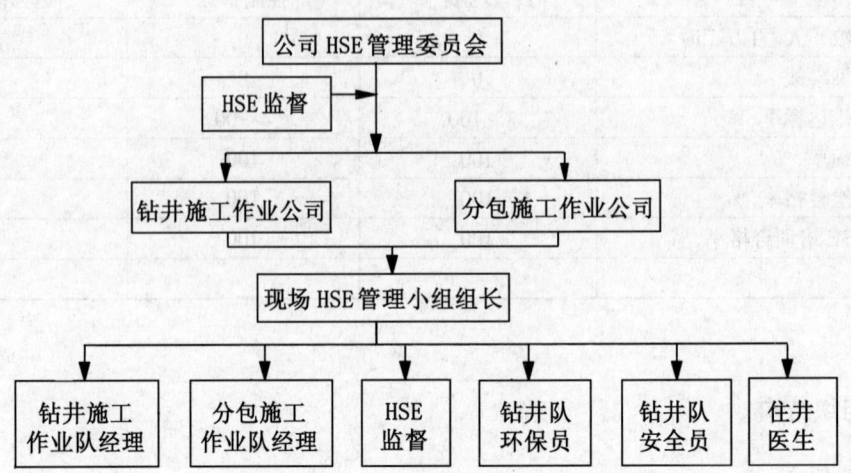

2. 钻井队主要岗位分布

由于钻井工艺的阶段性强，员工在不同生产阶段如搬家安装、钻进、下套管固井作业、完井试油等工作中，有不同的工作岗位，存在一人多岗现象。因此，应将不同钻井阶段各岗位及危险点源分布制成图。例 7 表示了钻进中主要岗位及危险点源分布图。

[例 7]　钻进作业中主要岗位及危险点源分布图

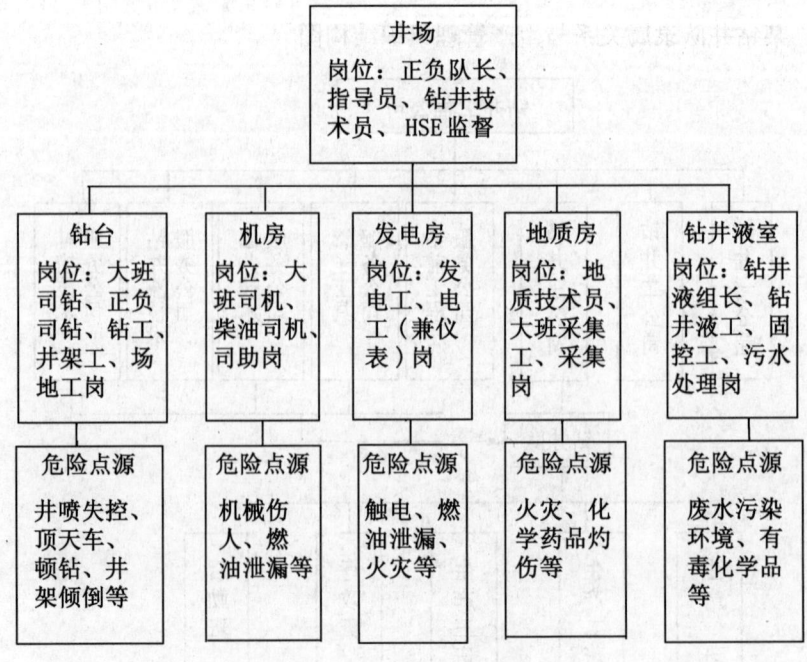

三、岗位 HSE 职责

尽管钻井队存在一人多岗现象，但一个岗位都应有相应的 HSE 职责，从事哪一岗位工作，就应该履行哪一岗位的 HSE 职责。

1. 岗位条件

根据本岗位的工作实际和法律、法规、标准、体系文件中的有关规定，明确从事本岗位工作人员应具备的条件，包括文化素质、技能资质、业务水平、工作经验、身体素质和工作表现以及是否进行过必要的岗位培训和 HSE 培训等。如：司钻岗位要求具有高中或技校毕业、身体健康，担任副司钻 2 年以上，须持有有效的司钻操作证、井控证书和岗位 HSE 培训合格证；有较强的管理和组织能力；所管辖的设备做到懂性能、原理、结构、维修、操作和故障排除；能识别岗位所涉及的危险点源以及具有风险削减和控制能力等。岗位条件可以按以上要求，用表格形式列出。

2. 岗位 HSE 职责

根据本岗位的工作性质和岗位与岗位之间的关系，对本岗位的 HSE 职责进行明确的界定。与传统管理上的岗位职责不同的是，《作业 HSE 岗位指导书》所规定的岗位职责是按照 HSE 管理规范做出的要求。岗位 HSE 职责的内容包括对上向谁负责、对下负责什么以及赋予岗位 HSE 的权力和义务。

如司钻岗的 HSE 职责参考如下：

（1）有义务对其班组人员及钻台上或钻台附近人员的安全负责。

（2）确保班组所有人员穿戴安全帽、工衣、工鞋等保护设备。

（3）监督、教育本班组员工遵守 HSE 管理规定，搞好本班组人员的 HSE 培训教育，开展班组 HSE 管理活动。

（4）对任何大小事故向队长和 HSE 监督进行汇报。

（5）及时汇报井眼异常现象，并在监督指令下采取适当措施控制井眼。

（6）组织对本班作业时钻井设备及防护装置的检查、保养工作。

（7）有权拒绝执行任何违反 HSE 规定的指令。

3. 岗位风险

对各岗位在实际工作中可能面临的各种潜在和显现的常见风险进行描述，主要包括岗位风险是什么，可能产生的危害程度及频率，明确采取或防范的风险削减及控制措施。在进行岗位风险描述时，由于不同的钻井施工阶段和不同的钻井工艺有不同的作业岗位，即一人多岗，其岗位不同风险也不同，因此应根据钻井作业的特点进行分岗风险描述。

4. 岗位规定

按照 HSE 管理体系要求，描述本岗位执行作业时的 HSE 规定，与岗位职责不同，岗位规定应明确岗位员工在实际工作中应遵守的各项 HSE 管理文件规定的目录，包括有关 HSE 管理的法律、法规、HSE 管理体系文件、操作规程和合同规定等对岗位的要求的条目。

5. 操作指南

详细描述涉及 HSE 风险的操作程序，明确各岗位在工作现场实施任务的方式，各岗位的操作程序和注意事项等。例 8 列出了空井溢流控制中，有关各岗位的操作程序和注意事项。

[例8] 空井溢流控制操作指南

作业程序	司钻 操作设备工具	司钻 配合动作	司钻 安全注意事项	副司钻 操作设备工具	副司钻 配合动作	副司钻 安全注意事项	内钳工 操作设备工具	内钳工 配合动作	内钳工 安全注意事项	外钳工 操作设备工具	外钳工 配合动作	外钳工 安全注意事项	井架工 操作设备工具	井架工 配合动作	井架工 安全注意事项	场地工 操作设备工具	场地工 配合动作	场地工 安全注意事项
发出信号	钻机	长鸣汽笛，若需抢下钻具时，负责操作刹把	—	—	立即赶至远程控制台，如抢下钻具时负责操作猫头	—	—	传达司钻指令，若抢下钻具时，负责内钳操作	—	—	赶至1号、5号放喷阀门处，若需抢下钻具，负责外钳操作	—	节流阀	赶至节流阀处，开节流阀2～3圈	—	—	若夜间，开探照灯，关钻台、机房、井架等处电源	—
关井	封井器	节流阀打开后，关井封井器（其顺序为：关多效能防喷器→关封闸板防喷器→开多效能防喷器）	注意开关顺序	远程控制台	若钻台关井失灵，操作远程台关井（其顺序为：关多效能防喷器→关封闸板防喷器→开多效能防喷器）	注意开关顺序	—	随时将各岗情况向司钻汇报	—	—	在放喷阀门处待令	—	节流阀	全闭闸板防喷器关闭后，缓慢关节流阀	—	—	迅速赶至4号闸门处，每10min记录一次套压，并将压力变化情况告诉内钳工	—
汇报情况	—	迅速向队长或技术干部报告溢流经过和关井情况	—	—	检查井口装置及井控系统	—	—	需长期关井时关手动锁紧装置	—	—	需长期关井时关手动锁紧装置	—	—	协助副司钻检查井口装置，可控阀门及内管线，以及关手动锁紧装置	—	—	需长期关井时关手动锁紧装置	—

四、风险及控制

本部分应对钻井队所面临的各类风险进行风险的识别和评价,根据风险识别和评价的结果,制定出相应的风险削减及控制措施,并明确各岗位员工在风险控制和应急反应中的职责。

1. 风险识别

对钻井作业中存在的各种常见的 HSE 风险进行识别,组织有经验的员工和专家,尽可能将钻井作业中存在的有共性的风险都识别出来。如果因钻井作业环境变化或其他原因可能产生新的风险时,则在 HSE 作业计划书中进行描述。识别钻井作业中的风险可采用风险矩阵或列表方式说明风险的类型、危害程度、发生的频率以及涉及到的岗位。

2. 风险削减及控制

根据风险评价结果,将制定的风险削减和控制措施分解落实到各岗位,实行岗位责任制,严格按照 HSE 风险和控制措施进行,不得违章操作。如钻井队污水处理岗位人员就必须按已制定的环境保护措施进行作业。

对于通常可能构成危害的风险,削减和控制风险的常规措施可采用关键岗位 HSE 任务清单(例 9),分类分项列出危害、部位或环节、潜在后果、频率、削减和控制措施。当因项目变更、钻井设计改变或人员变动可能引起潜在风险时,可通过《HSE 作业计划书》进一步细化和补充控制措施。

[例 9]　××井关键岗位 HSE 任务清单(部分)

岗位	任务编号	任务	描述
项目经理		现场经理的能力	现场经理胜任其岗位包括应急反应
		HSE 培训	保证所有人员接受消防设备使用培训,技术培训,急救培训
		清除路两侧的芦苇	保证清除道路两侧的芦苇,以防卡车排气或丢烟头引起火灾,并防止火灾时道路难以通过
		…	
现场经理		提升设备的性能标识	所有提升设备,包括电缆和绳套,应清楚标明最大额定载荷和认证日期,只有标识过的设备才能现场使用
		执行井场吸烟政策	井场吸烟只允许在指定区域
		钻井过程现场抽查	进行现场抽查,保证司钻对钻井液监测系统数据的准确解释
		…	
HSE 监督		井场消除设备	井场和营地安放消防设备,并定期检查
		安装和测试消除警报	营地和井场安装消防警报
		对井队人员进行安全指导	井队人员接受安全指导,包括营地和井场的应急反应
		…	
司钻		校准压力表	定期校准压力表以确保钻井作业期间准确获取环空和钻杆压力
		起下钻时灌钻井液	继续灌钻井液以减少抽汲压力
		控制起下钻速度	控制起下钻速度以减少井内抽汲压力的影响
		使用 BOP 关井	流体进入井内的溢流后,使用 BOP 关井
		…	

3. 应急措施

在钻井作业中，可能会遇到各种突发事件，针对不同的突发事件制定出的应急反应计划或措施、具体任务应落实到有关岗位。由于应急反应事件不同，涉及到的岗位也不同，除重大事件现场抢险小组人员必须迅速到岗实施抢险外，有关岗位人员也应按照应急计划执行应急措施。钻井作业中各种应急反应图和应急程序请参见第五章。例10列出了井漏、井喷和井涌应急计划所涉及到的岗位人员的职责和任务。

[例10] 井漏、井喷和井涌应急部分岗位人员职责和任务

岗　位	职责和任务
司　钻	发出信号按井控程序关井
副司钻	检查井控系统是否正确开关、有无渗漏
采集工（记录工）	随时观察压力变化
钻工甲	向平台经理、钻井工程师汇报
平台经理	组织警戒，检查放喷管线、回收管线的固定情况，出口有无人员及障碍物
钻井工程师	收集有关资料，向公司调度室和主管领导汇报，确定压井或堵漏方案和钻井液密度
钻井液工程师	按要求准备足够的压井或堵漏钻井液及材料

五、记录与考核

1. 记录管理

在实施 HSE 管理和执行 HSE 工作任务中，各岗位员工应对 HSE 工作计划和措施实施的情况做出记录，填写有关的表格和资料，以便备案和岗位考核。

1) 填写要求

对各岗位员工记录的填写应提出明确的要求，如要求数据真实可靠、字迹清晰工整、内容完整准确以及要注明填写日期、填写人签字等要求。

2) 资料管理

资料管理的内容应包括：

(1) 记录和资料的保存方法，如防火、防潮、防蛀、防丢失或破损等；

(2) 记录资料的归档、分类装订建帐、保存期限；

(3) 查阅、借阅记录资料的审批程序和归还期限等。

3) 验收要求

应对各岗位员工填写的记录资料提出验收要求，对不符合规范要求的记录应拒绝验收或重新填写。

2. 岗位考核

定期对各岗位员工的 HSE 业绩和表现进行考核，是 HSE 管理的重要内容，考核标准应以上级及钻井队的有关 HSE 管理规定、规范和制度为依据。对各岗位员工进行考核，包括：

(1) 考核组织及考核人员，即谁来考核。通常由钻井队（平台）领导、HSE 监督和员工代表组成考核组，按岗位 HSE 作业指导卡进行考核。

(2) 实施考核的办法，即如何考核，针对不同的岗位提出具体的考核办法，如对各项考核内容进行量化打分。

(3) 考核实施程序。

(4) 考核周期。

(5) 奖惩制度等。

[例 11] 钻井队 HSE 管理员工综合成绩考核表（参考）

（以月为单位）　　　　　　　　　　　　　　　　　时间：　　年　　月　　日

内容 姓名	岗位	工作责任心进取精神（15）	遵纪守法、劳动纪律（20）	安全环保意识（15）	工作实绩（20）	岗位技能考核情况		总分
						理论（15）	实践（15）	

[例 12]　作业岗位 HSE 指导卡

岗位名称：　　　　　　　　　　　　　　　　　　　　　　　　　　持卡人：

岗位要求	素质要求	
	技能要求	
	工作经历	
岗位职责	对上向谁负责	
	对下负什么责	
	权力和义务	
操作指南	工作程序	
	工作要求	
	注意事项	
风险应急	岗位风险	
	应急责任	
考核	奖励	
	处罚	

说明：(1) 本指导卡规定了岗位 HSE 的基本要求；
　　　(2) 本指导卡填写内容应与作业岗位 HSE 指导书填写一致。

第三节　钻井作业 HSE 计划书的编制原则和要求

钻井作业 HSE 计划书是针对某一口井的特定环境和工艺设计要求，通过对健康、安全与环境风险识别和评价，制定出的削减及控制风险的工作计划，是钻井队（平台）项目实施过程中的 HSE 管理作业文件，是《HSE 作业指导书》的支持文件，而不是取代现有的 HSE 管理体系文件。根据《HSE 作业指导书》有关风险管理、应急预案等内容，结合具体的钻井施工项目做出细化和补充，在钻井项目实施前编写完成。在编制过程中，应严格按照中国石油天然气集团公司《HSE 作业计划书编写指南》（试行）的要求进行编写。

一、钻井作业 HSE 计划书的编制原则

编制钻井作业 HSE 计划书应遵循"针对性"、"实用性"、"可操作性"和"计划性"的原则。在编制 HSE 计划书时，尽可能做到简单、实用、全面。使计划书的内容容易理解、易管理、易操作，达到职责清、程序清和目标清的要求。在制定一口井 HSE 管理措施、预案和计划时，都应根据该井的实际地理环境、钻井工艺设计以及 HSE 管理方针、目标和要求来制定，并从经济效益、社会效益和环境效益三个方面来考虑，且制定出的方案和措施能有效地付诸实施。

二、钻井作业 HSE 计划书编制的基本要求

HSE 作业计划书的编写，应针对具体实施的钻井项目，充分考虑业主、承包商，以及其他相关方的要求，在开工前编写完毕后经项目方评审后实施。内容和格式应严格按照《中国石油天然气集团公司 HSE 作业计划书编写指南》（试行）和编写规范的要求进行编制，术语和定义应符合 SY/T 6276 标准和《中国石油天然气集团公司 HSE 管理体系管理手册》。

由于钻井作业场所、地域环境和工艺的特殊性、复杂性，其 HSE 危害程度不同，在编写计划书时，可在不影响健康、安全与环境保护表现水平的前提下，对部分内容进行调整。

三、钻井作业 HSE 计划书的结构

钻井作业 HSE 计划书的篇章结构应包括：
（1）封面（例13）；
（2）审核和审批项；
（3）目录；
（4）正文；
（5）附件；
（6）变更记录等。
可将"HSE 作业计划书批准登记表"作为审核和审批项（例14）。

[例13] 钻井作业 HSE 计划书参考样式

××钻井公司
HSE　NO：

××井 HSE 作业计划书

队　　员_____

钻机编号_____

平台经理_____

_____钻井公司

年　月　日

[例14]　HSE作业计划书批准登记表

作业项目名称：	
编写单位：	编写负责人：
参编人员：	
项目经理： （签字）	日期：
项目方技术部门 负责人：（签字）	日期：
项目方HSE管理部门 负责人：（签字）	日期：
项目方主管部门 负责人：（签字）	日期：
HSE计划书受控状态：	
HSE计划书受控范围： 　呈报： 　发送： 　存档：	
甲方（业主）备案：（签字）	日期：

第四节　钻井作业 HSE 计划书正文的编写

一、项目概述

本部分主要描述项目及周边环境等基本情况,包括项目概述、地理环境、气象、外部依托、工区与营区布置、法律法规及其他要求等。在编写本部分之前,必须进行详细的调查和踏勘,写出调查报告,在调查报告的基础上编制有关内容。

1. 项目概况

项目概述的内容包括但不限于:
(1) 项目来源、业主情况;
(2) 井位位置、地理坐标位置、地面海拔高度;
(3) 地层情况、目的层;
(4) 井别、钻探目的;
(5) 设计井深、井身结构、井身质量要求、完钻方式;
(6) 钻井工程周期、主要技术经济指标及钻井成本;
(7) 所需的物资、生活用品及供应方式与途径等。

2. 地理环境

通过对钻井作业现场周围的环境调查,简要说明:
(1) 井场周围地形、地貌特征;
(2) 地质特征及复杂情况;
(3) 邻区及邻近井的施工情况;
(4) 搬迁路线沿途的路况、桥梁、隧道、高压电线或电网、医院、工业和民用建筑及其他障碍物等;
(5) 水文和水质情况,包括河流、湖泊、水库、水渠和地下水等;
(6) 可能发生的自然灾害;
(7) 农业及水利设施;
(8) 钻井施工区的工业、民用建筑及水力、电力设施;
(9) 文物和遗址;
(10) 野生动植物分布及保护区;
(11) 旅游资源保护区。

3. 社会环境

社会环境包括钻井作业区域:
(1) 民族分布、民俗、民情;
(2) 社会治安;
(3) 交通和通信设施;
(4) 医疗条件和设施;
(5) 地方病及传染病;
(6) 施工所在国及地方政府有关健康、安全与环境的法律、法规或规定等情况。

4. 气象情况

描述该井作业区域的气象特点，如气温、降雨（雪）、风、雾总量、雷电分布以及潮汐、洪水、沙尘暴等规律和特点。

[例15] 某井作业区域的气象情况

该地区是适宜的大陆性和季风性气候，其明显的气候特征是：寒冷而干燥的冬季，干燥而多风的春季，炎热而多雨的夏季，阳光明媚的秋季。

离井场25km的××市气象台记录的年平均气温为8.4℃，有记载的最低气温是-27.3℃，最高气温是35.3℃。长期以来该地区的年平均降雨量为623mm，有记载的年份最多降雨量是1959年的916.4mm，最少降雨量是1965年的326.6mm。大约60%的降雨量出现在夏季的数月中。

每年有平均44.1d下雪，最多的下雪记载天数是84d，最厚的雪深是21cm。有雾的天气每年平均超过9.5d，雾天可以在四季出现。

该地区平均蒸发量为1669.6mm，这是年降雨量的2.7倍。无霜期持续为90~160d。有效的生理辐射量为41.3kcal/cm^2，年平均日照时间917~2600h。

该地区位于适宜的季风带，其风力受季节性影响，冬季大风来自东北方向，而其他季节则来自西南方向。该地区具有大风的气候特征，年平均风速是4.3m/s，最高风速出现在4月，最低风速出现在8月，有记载的最高风速为25.7m/s。8级和8级以上风暴多为偏西南风和西南风，年平均达16d。在冬天，受陆相高气压影响，多为偏东风。春天是一年的最大风季节，风暴通常出现在晚春的夏季。

在该地区每年有平均两次大暴风雨（24h内降雨量超过50mm），大风暴雨通常出现在7月或8月。从1956年以来，有7次日降雨量超过100mm的特大暴风雨，其中最大的一次降雨量为141.2mm。特大暴风雨最大可能发生在7月下旬，由于平坦的地貌特征和不平均降雨，洪水是该地区最易遭受的自然灾害。洪水通常发生在7月上旬到8月上旬，平均每4年发一次小洪水，每14年发一次大洪水。

5. 外部依托

主要说明当发生紧急情况时，单靠钻井队的力量无法控制局面时，可依托当地的医疗急救、消防和治安力量进行救援，通常以表格形式列出有关单位、机构联络人员、通讯联络方式和方法。

6. 井场和营区布置

画出井场和营区的布置图，并注明风向、紧急情况时的逃生路线和集合地点。某井井场和营区布置图参见图6-1，图6-2。若井场远离主干道或在偏僻山区，应画出交通示意图，注明井队搬家和到基地的路线，标出沿线途经的重要桥梁设施、工厂以及其他重要建筑标志等。

7. 法律、法规及其他要求

钻井作业所在国、地区（包括地方政府的法律、法规）对HSE有特殊要求的，应加以识别，并作为风险评价的判别准则，制定相应的措施，以满足这些要求。如在风景名胜区或人口稠密地区进行钻井作业不允许污染环境的钻井液、钻屑等就地排放，机器噪声不许超标，井场井架等引起的视觉污染可能也不被允许。在这种规定下，必须采取相应措施，如把钻井液、钻屑进行无害化处理，对井场井架进行美化装饰等。

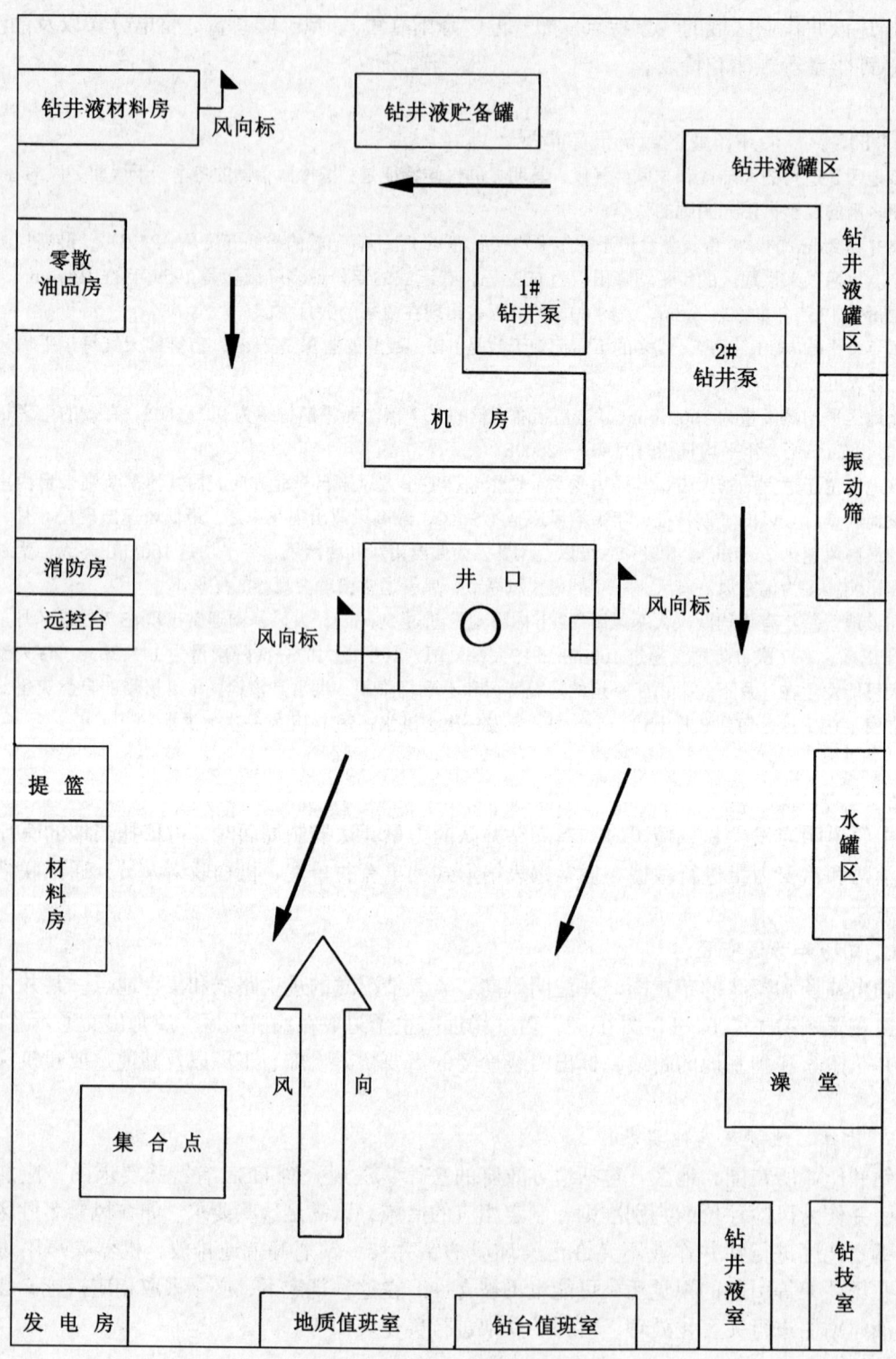

图6-1 钻井工作区逃生示意图

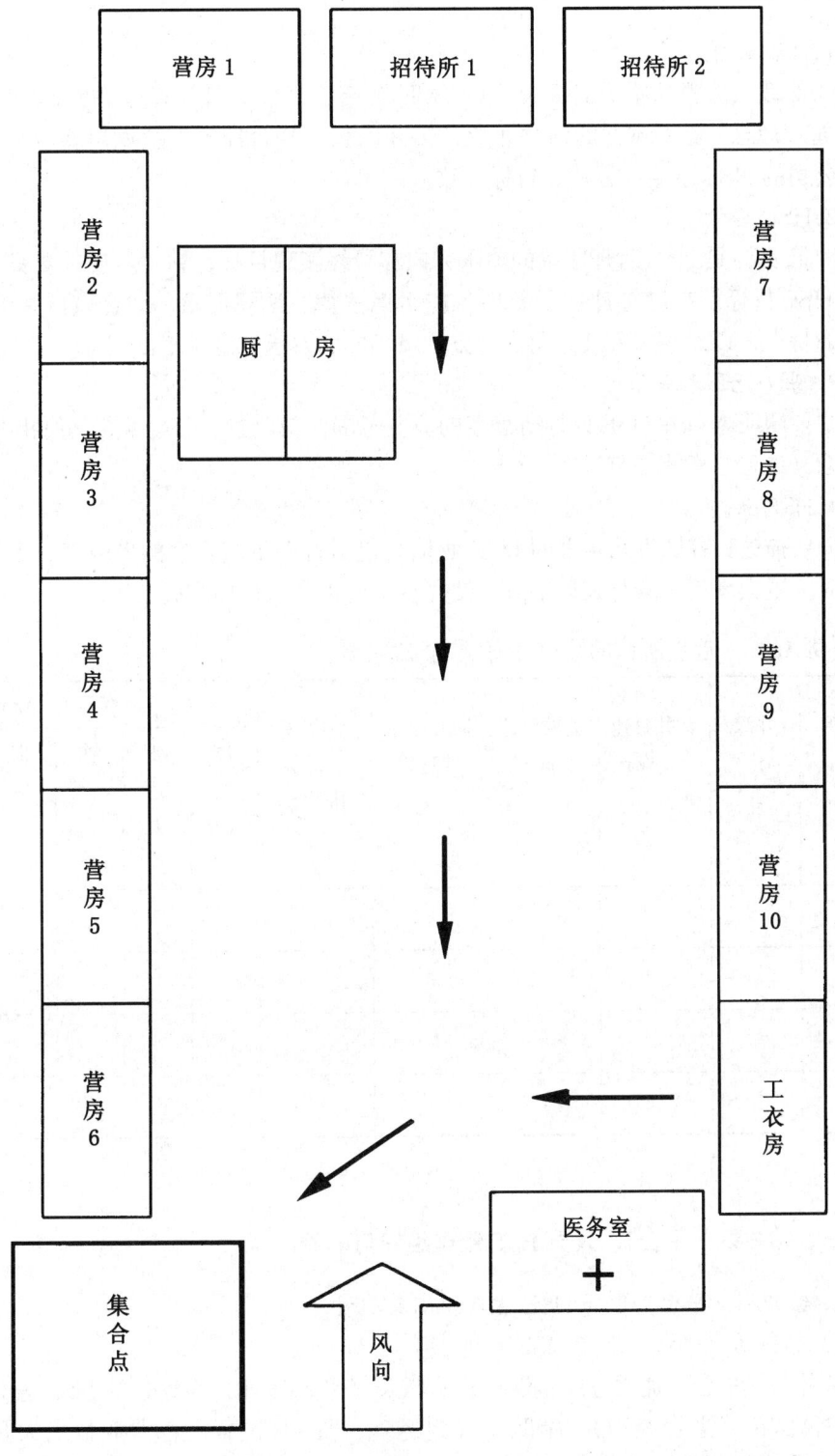

图 6-2 营房逃生示意图

二、政策和目标

1. HSE 政策

HSE 政策应概括阐明上级公司的 HSE 承诺、方针、目标以及钻井队（平台）一贯的 HSE 管理理念。针对本井的钻井作业，钻井队长（平台经理）应做出相应承诺，并保持与隶属公司的 HSE 承诺、方针、目标一致。

2. HSE 目标

HSE 目标是 HSE 管理体系的追求方向和最终实现目标，钻井队应针对具体的作业项目制定 HSE 目标。在建立 HSE 目标时，应考虑法律、法规要求，结合该口井的 HSE 危害和影响的特点，以及相关方（公司、甲方、员工）的要求和意见来制定。

3. 业务范围和关系

主要阐明本口井 HSE 计划所涵盖的业务范围，与业主、公司以及其他相关方 HSE 管理的关系（参见本章第二节）。

4. HSE 业绩

简要描述钻井队近几年来的 HSE 业绩，包括百万工时发生的事故率、人员伤亡率、损失工时，重大环境污染与破坏事故、钻井废水处理率和达标排放率等。

[例 16] 近年所钻的几口井各项 HSE 业绩

日期	井深 m	钻井月速 m/mon	机械钻速 m/h	钻井废水处理率 %	钻井废水达标排放率 %	百万工时统计					
						事故起数	死亡人数	伤亡人数	损失工时	重大环境污染	经济损失 元

三、钻井队（平台）、人员 HSE 管理组织与职责

1. 钻井队（平台）现场 HSE 管理组织及职责

1) 钻井队（平台）现场 HSE 管理小组

钻井队（平台）通常应成立以钻井队队长（平台经理）为组长的 HSE 管理小组，通常由钻井队队长（平台经理）、副队长（副经理）、HSE 监督、各专业技术人员、大班（技师）、各班司钻、住井医生等有关人员组成。在计划书中，应将各成员 HSE 管理的分工或管理岗位情况以表格的形式列出（例 17）。

[例17] HSE管理小组成员及HSE管理岗位和权限情况表

序号	HSE管理小组	工作岗位	姓 名	HSE管理权限	管理岗位
1	组 长	钻井队队长（平台经理）			
2	副组长	钻井队副队长（平台副经理）			
3	副组长	HSE监督			
4	成 员	各专业技术人员			
5	成 员	钻井工程师或技师			
6	成 员	机械工程师或技师			
7	成 员	各班司钻			
8	成 员	环保工			
9	成 员	营房管理员			
10	成 员	住队医生或卫生员			
11	成 员	其他有关人员			

2）钻井队（平台）现场HSE管理小组成员的职责

现场HSE管理小组及成员的职责，应根据HSE管理的要求和分工情况，以及管理岗位制定出明确的职责和职责范围。在编写这部分内容时，可参考以下的内容：

（1）现场HSE管理小组的职责。

①执行局或公司HSE管理委员会、本公司和甲方有关健康、安全与环境的执行计划和措施。

②定期召开会议，研究确定本队健康、安全与环境的执行计划和措施。

③检查落实健康、安全与环境计划和措施的执行情况。

④组织整改影响健康、安全与环境的隐患，批评和纠正违章行为。

⑤对员工进行现场健康、安全与环境宣传教育与培训，促进员工的HSE管理意识。

⑥负责事故调查、分析与统计上报工作。

⑦组织应急抢险队，定期进行消防、急救、防喷等演习。

⑧及时向上级管理机构汇报本队HSE管理现状，提出合理化建议，改进HSE管理水平。

（2）平台经理的职责。

①负责现场健康、安全与环境管理措施的具体实施。

②对现场作业队、所有在井场或接近现场和营房的人员的安全负责。

③作为紧急情况下应急指挥人和协调员，应确保现场所有人员，包括甲方人员执行HSE方针、政策、计划及规定。

④监督 HSE 管理现状，检查、审核、调查现场事故。
⑤举行并参加日常安全管理总结会。
⑥和现场钻井监督及当地相应机构紧密合作，强化 HSE 现场管理。
⑦经常对员工进行 HSE 管理宣传、教育，定期举行紧急情况下的应急演习。
(3) 平台经理或现场作业经理的职责。
①应对钻机设备安全标准负责。
②确保钻井作业真正按照甲方和本局、本公司的 HSE 管理规定和要求进行。
③确保人员穿戴保护设备，如安全帽、工鞋、工衣、耳塞、护目镜等。
④确保"作业许可"管理的实施。
⑤及时将所有可能对井的安全及环保有影响的危险情况、井控或其他问题通知钻井监督及员工。
⑥按照甲方和本局、本公司的井控程序指挥井控人员进行井控安全作业。
⑦参加现场安全会议，按平台经理的指令指挥并监督作业队伍实施 HSE 管理规定，并负责监督和改进 HSE 管理水平。
(4) 各专业技术人员（工程师）的职责。
①在布置钻井勘探作业的技术措施时要充分考虑全面贯彻实施 HSE 管理规定。
②制定具体保证措施，确保大型作业 HSE 实施计划得以顺利实现。
③按照有关钻井作业井控标准和规程，全面实施防喷、防火、防中毒的具体技术措施，做好井控工作。
④贯彻本队 HSE 管理规定，为全体职工树立榜样。
(5) 钻井工程师或技师、机械工程师或技师的职责。
①按岗位的要求严格执行 HSE 管理规定，并分别对钻台、机房、发电房等设备的运行情况进行监督。
②负责有关安全、环保方面设备隐患的整改工作，确保整改质量达到技术要求。
③认真搞好每天的巡回检查，积极参加全队每周一次的 HSE 检查，发现问题及时整改。
④向平台经理及有关领导提出搞好 HSE 管理的措施建议。
⑤搞好分管设备的保养调校，以确保作业时的安全，无环境污染。
(6) 司钻的职责。
①司钻应对其班组人员及钻台上或钻台附近人员的安全负责。
②确保班组所有人员穿戴安全帽、工衣、工鞋等保护设备。
③监督、教育本班组员工遵守 HSE 管理规定，搞好本班组人员的 HSE 培训教育，开展班组 HSE 管理活动。
④对任何大小事故进行汇报。
⑤及时汇报井眼异常现象，并在监督指令下采取适当措施控制井眼。
⑥组织对本班作业时钻井设备及防护装置的检查、保养工作。
(7) 录井人员的职责。
①录井人员对现场井眼及人身安全负有特殊责任。
②应通过录井显示，及时将任何天然气和硫化氢显示、钻井液增量及漏失、其他潜在危险情况通知钻井作业队员及监督。

③提供准确、有效的地质报告,以便安全、高效地进行作业。
④确保录井设备始终正常工作。
(8) 住井医生或卫生员的职责。
①按照已建立的医疗保健程序,对现场任何人员提供必要的医疗服务。
②在发生灾难事故需要疏散时,对平台经理提出行动建议。
③贮存足够的医疗药品及用品,准确记录员工的医疗记录。
④认真进行现场医疗管理,并对管理措施提出建议。
⑤协助营房管理人员监督营房及食品卫生。
⑥负责本队全体员工的健康检查、监督,负责向平台经理提供当地可能威胁员工健康方面的报告,搞好预防工作。
⑦负责营房、厨房等生活设施的卫生检查。
(9) HSE 监督的职责。
①协助平台经理从事现场 HSE 管理。
②进行现场 HSE 管理状态的检查和评估。
③向所有到达现场的人员介绍现场 HSE 管理条例。
④安排安全会议,并对近期安全管理状况进行总结。
⑤负责进行事故调查。
⑥接受现场人员建议,对 HSE 管理的改进提出意见。
(10) 营房管理人员的职责。
①负责营房的整改与卫生。
②确保食物卫生,预防疾病传播。
③确保食物贮存设备及冷冻设备工作正常,厨师要穿戴卫生工作服上岗。
④确保饮水卫生。
⑤监督落实营房配备足够的灭火器材与设备。
⑥定期组织员工进行营房消防演习。
(11) 员工的职责。
①每位员工均应清楚地意识到自己要为创造并维持一个健康、安全的工作环境而做出努力。
②上班穿戴工衣、工鞋、安全帽等个人保护用品。
③就任何新的、潜在的危险作业向安全监督、平台经理、甲方监督等提出忠告。
④及时向现场监督汇报任何大小事故及药品洒漏情况。
⑤遵从安全标识,制止不安全行为。
⑥按照甲方监督、平台经理指令从事 HSE 管理,实现安全作业。
⑦积极参加消防、急救、防喷等演习,提高自救互救能力,防患于未然。

2. 钻井队(平台)关键人员能力评估

列出钻井队行政、HSE 管理人员、主要技术工种、关键岗位、特殊岗位人员等主要人员一览表,表中应列出学历、资历、特殊岗位持证情况等表明能力现状项。并对上述人员的能力进行评估,看是否满足项目的需要(见例 18 关键人员一览表、例 19 人员能力评估测评表)。

[例18] 关键人员一览表

序号	姓名	工卡号	岗位职务	年龄	文化程度	工作年限			岗位培训情况时间和内容	持证情况、等级	能力测评
						本岗位	相关专业	工龄			

[**例 19**] 人员能力评估测评表

单位：

姓　　名			工　卡　号	
职　务 或工种			毕业院校、 专业、时间	
参加工 作时间		从事本工种、 岗位年限		健康 状况	

教育培训经历：

时　间	培　训　单　位、专　业			

工作简历：

时　间	工　作　单　位	岗位、职务

岗位培训、持证情况：

评语：

评估人：　　　　　　　　　　　　单位负责人：

　　　年　　月　　日　　　　　　　　　　　　　　　　　年　　月　　日

[例20]　HSE培训计划总表

培训项目	培训人数	培训性质	培训目的	培训时间	培训地点	培训经费预算万元	备注

3. 员工培训计划

员工培训计划的制定应根据本口井的需要和能力评价结果进行，培训计划内容包括学习《HSE作业计划书》、风险削减和控制措施、应急预案、岗位HSE知识及相关专业技术知识和防范HSE风险技能等知识，也可把应急培训纳入本计划之列。此外，在制定员工培训计划时，应根据有关规定的要求，如未经HSE培训教育的钻井队（平台）不准进入井场作业、特训人员须经培训持证上岗等，有针对性地制定员工的培训计划。培训计划应包括：

(1) 培训内容；

(2) 培训目的；

(3) 培训性质，如考证培训、预防性培训、专业技术培训（钻井工艺培训、井控培训）、员工技能培训等；

(4) 培训时间、地点；

(5) 参加人员、人数；

(6) 培训结业要求，如取得合格证、等级、成绩等要求；

(7) 培训经费等。

[例21]　××钻井队员工培训计划表

培训人员姓名	培训内容	培训性质	培训目的	培训时间	培训地点	现岗位持证情况	结业要求	备注

四、主要钻井设备、HSE 设施及用品

1．主要钻井设备状况

列出主要钻井设备一览表，表中应包括主要设备的型号、主要技术指标、出厂日期、损坏情况等。

[例 22] 主要钻井设备状况

序号	名称	型号	额定工作负荷，kN	功率 kW	出厂日期	检修日期	损坏情况	工况评估
1	井架及底座							
2	天车							
3	游车大钩							
4	绞车							
5	水龙头							
6	转盘							
7	发动机							
8	柴油机							
9	发电机							
10	传动箱							
11	钻井泵							
12	空压机							
13	液压钻杆钳							

2．HSE 设施

钻井队 HSE 设施包括安全防护设施、消防设施、环保设施，警示标志等，可采用表格形式列出，并注明规格、主要技术指标、出厂日期、工况等。

1）主要 HSE 设施

钻井队主要 HSE 设施见例 23。

[例 23] 钻井队主要 HSE 设施

序号	名称	型号	规格	技术指标	出厂日期	检修日期	工况
1	防碰天车						
2	二层台逃生器						
3	硫化氢报警器						
4	污水处理装置						
…							

2）钻井队消防器材配置计划

参见本节"应急计划"。

3）钻井队警示标志配置计划与管理

由于钻井作业活动的特殊性，在整个作业过程中存在各种对健康、安全与环境的危害，通过设立醒目的警示标志（见图6-3），对员工起到随时提醒的作用，对外来或无关人员起到警示作用，有利于防止意外事故的发生。钻井的作业场所应设置规范、标准的警示标志，根据不同的部位设置不同的警示标志。钻井队（平台）警示标志管理的内容包括：

（1）警示标志设置计划，包括设置警示标志的固定部位、标志类型、数量，安装要求；

（2）警示标志维护检查措施，包括责任人、职责（警示标志是否固定牢固、图案字体是否清楚、是否损坏等）、维护检查周期；

（3）对员工进行警示标志识别的培训等。

[例24] 钻井队警示标志的设置计划

部 位	标志类型	数 量	安装要求	备 注
井场	1-1、1-2、2-1、3-4、3-8、3-10	各一块	竖牌	
钻台	1-1、1-2、2-1、2-8、2-10、2-28、3-4、3-7、3-10、	各一块	固定	
二层台	3-9、4-9	各一块	固定	
振动筛旁	1-1、2-8		固定	
钻井液罐	4-10	每罐一块	固定在上罐入口处旁栏杆上	
配浆漏斗旁	3-1、3-3	各一块	固定	
钻井液池旁	2-20	一块	竖牌	
泵房	2-10、2-28、4-11、4-12	各一块	固定	
发电机房	1-1、1-2、2-8、4-1、3-6	各一块	固定	
柴油机房	1-1、1-2、3-6	各一块	固定	
配电盘	2-8、4-4	各一块	固定配电柜上	
柴油罐	1-1	一块	固定罐体上	
电路闸刀旁	1-9；2-8	各一块	固定、悬挂	1-9维修电路时悬挂
空压机旁	4-13	一块	固定	
远控房	1-1、2-8、4-13、4-14	各一块	固定	
井场水罐	4-15	一块	固定罐体上	
有毒、危险品堆放处	1-12、2-5	各一块	堆放处竖牌	
营房	4-16	每栋房营房各一块	营房门口墙上	

注：1-1禁止吸烟；1-2禁止烟火；1-9禁止合闸；1-12禁止触摸；2-1注意安全；2-5当心中毒；2-8当心触电；2-10当心机械伤人；2-20当心坑洞；2-28当心滑跌；3-1必须戴防护眼镜；3-3必须戴防尘口罩；3-4必须戴安全帽；3-6必须戴耳器；3-8必须穿护鞋；3-9必须系安全带；3-10必须穿工作服；4-1高压，生命危险；4-4配电重地，闲人莫入；4-9紧急逃生装置；4-10未经许可，不得入内；4-11高压危险；4-12正在修理，严禁开泵；4-13危险！此机能自行起动；4-14注意！只许指定人员操作；4-15注意！非饮用水；4-16此处禁止倒垃圾。

3. 医疗用品

列出钻井队医务室主要医疗器具及药品一览表，表中应注明医疗器具及药品的规格、型号、性能及使用范围、有效期等内容。

五、危害识别与控制

1. HSE 危害风险识别

在环境、工程项目调查的基础上，根据本井的钻井工艺特点，确定本井的钻井作业中，潜在或可能发生对健康、安全与环境的危害和影响，并进行钻井 HSE 风险分类。危害识别是依据判别准则，按程序进行的有层次的集体活动，应明确有实践经验的人员和专业技术专家参加，全体员工有责任参与本作业危害识别。钻井作业 HSE 风险类型的划分，可参照"钻井作业 HSE 风险的分类"方法进行，即根据"危害的程度"、"钻井施工阶段"、"钻井工艺环节"和"钻井作业中危害的对象"来分类，并对本口井识别出的潜在和显现的 HSE 危害，填写危害和影响清单。

[例 25] ××井 HSE 危害和影响清单

序号	危害类型	部 位	危 害（潜在）	影 响
1	交通事故	搬家过程	人员伤亡，车辆、设备损坏	人员、财产损失，声誉受损
2	立或放井架事故	井场	坠落或被物体碰砸	人员、财产损失
3	井喷失控	井场	着火、爆炸	人员、财产损失，环境、声誉受损
4	作业及生活污水	井场周围，营区	污染环境	环境生态、农作物
5	硫化氢溢出	井场	人员伤害、污染环境	人员、大气环境
…				

2. 风险评价

成立由项目经理、副经理、现场 HSE 监督、工程技术人员、专家、顾问和有经验的员工组成风险评价小组，对已确定的危害和影响的可能性以及影响程度进行评价。通常采用定性的方法来评估钻井作业中已识别出的各种风险，可利用风险矩阵图，分析危害发生的频率和后果，按顶级事件顺序进行排序，找出主要的危害，并将风险识别和评估的结果、结论列出，编制出本井的钻井作业风险及评估图表。

根据钻井作业的特点以及评价的方便，可采用分类评价的方法，例 26 至例 29 是几种分类评价的实例，供进行钻井风险评价时参考。

图 6-3

第六章 钻井作业 HSE 两书一表的编制

图6-3 钻井队常用安全标志
1-1~1-28禁止标志；2-1~2-28警告标志；3-1~3-12指令标志；4-1~4-16提示标志

[例26] 钻井作业 HSE 风险评估分类表（1）
（根据危害程度）

风险名称	部位	后果				几率增加					评估结果
		P 人员	A 财产损失	E 环境影响	R 声誉受损	A 在钻井工业从未听说过	B 在钻井工业曾经发生过	C 在本公司发生过	D 在本公司每年发生数次	E 在典型年发生过多次	
硫化氢溢出	井场	重大伤害		严重	有限			发生过			高风险
油罐泄漏	井场		小	严重	有限		发生过				低风险
…											

[例27] 钻井作业 HSE 风险评估分类表（2）
（根据钻井施工阶段）

风险类型	序号	部位	风险名称	主要危害	影响	评估结果
钻前工作风险	1	井场	建井场、公路	破坏植被	生态环境	低风险
	…					
钻井施工风险	1	井场	设备噪声	损伤人的听觉	人和动物的正常生活	中等风险
	…					
完井后风险	1	井场	试压、放喷	高压管线破裂、硫化氢	人员安全，环境污染	高风险
	…					

[例28] 钻井作业 HSE 风险评估分类表（3）
（根据钻井工艺）

风险类型	序号	部位	风险名称	主要危害	影　响	评估结果
钻进作业风险	1	钻台	井漏	污染地下水	地下水源	低风险
	…					
起下钻作业风险	1	钻台	碰天车	设备破坏，伤害人员	人和设备安全	高风险
	…					
固井作业风险	1	井场	气窜	诱发井喷	人和设备安全	中等风险
	…					
测井作业风险	1	井下	放射性源掉入井内	放射性	环境	低风险
	…					
试油、完井作业风险	1	井场周围	试油	原油、燃烧	环境	低风险
	…					
其他作业风险	…					

[例29] 钻井作业 HSE 风险评估分类表（4）
（根据危害对象）

风险类型	序号	风险名称	主要危害	影　响	评估结果
钻机、设备风险	1	高压管线破裂	人员伤亡	人员安全	高风险
	…				
人员伤亡风险	1	触电	电击伤	人员安全	低风险
	…				
人员健康危害风险	1	食物中毒	中毒	人员健康	低风险
	…				
环境污染风险	1	钻屑、废浆	污染环境	生态环境	中等风险
	…				
其他 HSE 风险	1	恶劣天气	正常作业	人员、设备安全	低风险
	…				

3. 风险控制

为了保证钻井施工作业的顺利进行、减少和消除事故隐患、降低钻井作业中的 HSE 风险，本着"预防为主"的原则，结合本井地理环境、钻井工艺特点等综合因素，根据已识别出的对健康、安全与环境方面的风险及评估结果，有针对性地制定出 HSE 风险预防的具体措施。在制定措施时，应从人、设备、物等方面进行考虑，并将风险削减和控制措施作为相关人员的 HSE 关键任务进行分配。

1）风险削减和控制措施

（1）管理措施。

在制定管理措施时，可参考本书第四章"管理措施"一节内容的要求来制定，要保证硬件措施和系统措施的落实及实施，使风险预防措施能有效地运行。如有关防护设备的采购计划，健康、安全与环境保护的监督、监测手段、方法及措施。若本井完钻后未见油气或无开采价值弃井，则应制定环境恢复措施。

（2）硬件措施。

除对钻井设备提出常规的安全性能要求外，主要针对本口井的情况提出特殊的硬件配置要求，如含硫化氢气井应配备防硫钻具、硫化氢监测仪，使用油基钻井液钻井，要求密封设备垫圈耐油。保证"硬件"在钻井作业 HSE 风险预防中发挥正常的作用。

（3）系统措施。

系统措施是钻井作业 HSE 风险预防中最重要的措施之一，是风险预防措施中的主要内容。系统措施包括但不限于以下几个方面：

①钻井工程事故预防措施，包括：

a. 卡钻事故的预防措施；

b. 井漏事故的预防措施；

c. 井塌事故的预防措施等。

②井喷预防措施。

③预防硫化氢中毒措施。

④钻井作业现场防火及营地火灾预防措施。

⑤钻井作业现场及营地环境保护措施。

⑥恶劣天气危害的预防措施。

在制定钻井工程事故预防措施时，一定要根据本井的地层特性和钻井工艺来确定。如本口井是否可能产生卡钻？什么类型的卡钻？有针对性地制定预防措施。

2）HSE 关键任务

根据本口井潜在和显现的风险及制定的削减和控制措施，将 HSE 关键任务分解落实到相关人员，形成关键岗位 HSE 任务清单表，内容应包括：

（1）HSE 危害的类型；

（2）危害发生的部位或环节；

（3）潜在的后果；

（4）发生的频率；

（5）削减和控制措施；

（6）责任人；

(7) 监督人等。

[例30] HSE关键任务分配一览表

序号	岗位	姓名	危害类型	危害级别	发生频率	后果影响	部位或环节	削减控制危害的关键任务	监督人
1	司钻	×××	碰天车	高	低	大	起钻过程	操作精力集中,不起高速车	××
2	井架工	×××	高空坠落	高	低	大	二层台	系安全带	××
3	…								

六、钻井作业 HSE 应急反应计划

钻井作业 HSE 应急反应计划是预防、削减风险的重要实施计划,当风险不可避免或不可阻止其发生的紧急情况时,在现场可按照预先制定的应急反应计划实施处理,减少由此带来的影响和损失。在制定应急反应计划时,应根据本井所处的地域环境和钻井活动中可能发生的紧急险情类型,制定相应的应急计划或预案。

1. 应急组织

根据应急险情类型,由现场 HSE 管理小组负责,组织有关人员参加,成立由队长负责的应急小组或抢险队,如井喷应急抢险队、火灾应急抢险队等,并明确各应急小组、抢险队及人员的应急抢险岗位和职责,一旦发生险情,立即按各自的岗位、职责及任务,实施应急抢险工作。钻井作业应急组织体系参见第五章第三节。井涌、井喷应急抢险队人员和职责参见本章例10。

2. 钻井作业 HSE 应急预案(计划)

钻井作业 HSE 应急预案(计划)应根据应急反应的类型进行编制,做到详细、具体、可操作性强,并且分工明确。

1)应急预案的主要内容

钻井作业应急预案的主要内容包括:

(1) 现场应急反应工作的组织、人员和职责;

(2) 应急设备、物资、器材的准备;

(3) 应急实施程序及流程图;

(4) 现场培训及模拟演习计划;

(5) 紧急情况报告程序、联络人员和联络方法;

(6) 消防设施分布图;

(7) 井场、营地逃生路线图;

(8) 简易交通图等。

由于在一口井的钻井活动中可能存在多种紧急险情的可能性,不同的险情所涉及到的人员、抢险救援设备工具及方法都可能不同,因此应制定不同的应急预案(计划),其内容也有差异。

2) 应急器材

根据应急险情的类型,列出应急抢险所必备的器材、工具、防护装备、医疗救护药品器械等,包括名称、型号和数量。并注明器材的管理人、保管存放地或配备情况,以便当险情发生时方便拿取和保证使用。

钻井队通常应配备的应急器材包括但不限于:

(1) 灭火器材;

(2) 氧气袋(罐)、制氧机、空气增压仓、防毒面罩;

(3) 通讯器材;

(4) 交通工具及担架;

(5) 急救箱或急救包、急救药品及医疗器械等。

[例31] 灭火器材配置表(参考)

灭火器材类型	配备点	数量	管理人	备注
100L 泡沫灭火器	钻台上	2个		
100L 泡沫灭火器	钻台下	2个		
8kg 干粉灭火器	固控系统	1个		
8kg 干粉灭火器	油罐	1个/罐		
8kg 干粉灭火器	材料房	1个/房		
8kg 干粉灭火器	值班室	1个		
8kg 干粉灭火器	录井房	1个		
8kg 干粉灭火器	钻井液室	1个		
8kg 干粉灭火器	营房	1个/房		
1211 灭火机	机房	3个		
1211 灭火机	发电房	2个		
CO_2 灭火器	可控硅房	1		

3) 应急实施程序

根据本口井可能发生的紧急险情,并按照有关规范的要求,制定切实的实施程序,通常包括:

(1) 火灾及爆炸应急程序;

(2) 硫化氢防护应急程序;

(3) 油料、燃料及其他有毒物质泄漏应急程序；
(4) 井涌、井喷应急程序；
(5) 现场急救医疗程序；
(6) 恶劣天气应急程序及其他应急程序等。
有关的应急程序请参见第五章。
4) 紧急情况报告程序，联系人员和联络方法
紧急情况报告可以用示意图表示，标明当现场险情发生时谁向谁报告（参见第五章图5-2），联系人员和联络方法以表格形式列出，尽可能列全与应急抢险、救援有关单位的联系人、电话、手机和传呼机号码。

[例32] 联系人员和联络方法

部　　门	联系人	电话和传真	手　机	传呼机
石油局（油田）领导				
局HSE管理部门				
钻井公司领导				
钻井公司HSE管理部门				
钻井公司与应急抢险有关的部门				
甲方监督				
油田、现场所在地公安、消防部门				
油田、现场所在地医疗机构				
其他有关机构、部门				

5) 逃生路线图
井场及营地紧急情况下的逃生路线示意图的绘制，应根据井及营地的布置情况、现场的地形以及施工季节的风向、风力等，确定安全点、集合点和逃生路线，并在图中标明。某井工作区的逃生路线示意图和某井营区的逃生路线示意图，参见图6-1、图6-2。

6) 简易交通图
绘制简易交通图要标明钻井公司基地到井场的路线示意图，标出城镇、大型工厂、设施、桥梁及典型标志物等，标注出每段的路程，并对路况作一简要说明。

3. 应急演习计划
应急模拟演习计划可纳入HSE管理的培训规划中，也可单独列出。应急演习计划包括演习的内容、目的、参加培训的人员、人数、日期、所需的器材、工具、设备、负责人、通过演习要达到的目的、需要演习的次数及演习结果的考评方法等。已进行的演练和评价结果应随时记录。

[例33] ××应急演习计划实施一览表

参加人员	日期	地点	总指挥	协调员	演习内容	演习岗位	开始时间	结束时间	演习器材	防护用品	考评结果	存在的问题	整改意见

[例34]　钻井队健康、安全与环境应急演习报告表

为检验作业现场火灾、井喷或其他紧急情况下的应急反应效率，以在紧急情况下，每个员工是否都明确自己应做什么，特制定本报告。

队号：	井号：	演习时间：
演习内容：		
参加演习人员：		
演习概要记录：		

演习检查项目（在相应的框内打√）：	是	否
警报鸣响了吗？	□	□
所有人员都在规定时间到达指定位置了吗？	□	□
突击队员穿戴了消防、救护用衣了吗？	□	□
岗位人员按规定进行操作了吗？	□	□
消防设备可用吗？	□	□
救护人员在场吗？	□	□
每个人都明白自己的应急职责吗？	□	□
消防设备充足吗？	□	□
建立了必要的通讯联系了吗？	□	□
发放了防毒面具了吗？	□	□

存在问题及意见：
改进措施：

平台经理：（签字）　　　　　　　年　月　日

演习指挥：（职务）	审核人：	记录人：

七、钻井作业 HSE 管理制度和文件控制

1. 钻井队（平台）HSE 管理的规章制度

钻井队实行 HSE 管理，必须按照国家（或钻井作业所在国）、省、市地区法律、法规和中国石油天然气集团公司、局、钻井公司有关 HSE 管理标准、规定、规范等要求，结合本队（平台）和本项目的实际情况，制定本队有关 HSE 管理的规章制度，并列出清单，以便钻井队在实行 HSE 管理时做到有法可依，有章可循。通常包括：

(1) 安全生产管理制度；
(2) 作业计划许可证制度；
(3) 作业现场防火管理制度；
(4) 井控管理制度；
(5) 有害、有毒物品管理制度；
(6) 环境保护管理制度；
(7) 营地管理制度；
(8) 健康保健卫生管理制度；
(9) HSE 培训制度；
(10) HSE 管理汇报制度；
(11) HSE 管理检查制度；
(12) 报告制度；
(13) HSE 管理评比奖惩制度等。

[例 35] ××钻井队现场 HSE 管理汇报制度

序号	汇报内容	负责人	报告人	汇报时间	汇报形式
1	本班情况	各专业技术工程师	司钻、员工	下班后或随时汇报	报表或口头
2	生产汇报	平台经理	各专业技术工程师	每天两次或随时汇报	报表或口头
3	发出整改通知单	平台经理	HSE 监督	班前	书面
4	HSE 班报	各专业技术工程师	司钻	班后	书面
5	医疗月报	平台副经理	医生	月底	书面
6	环保月报	平台副经理	环保工	月底	书面
7	HSE 周报	平台经理	HSE 监督	周末	书面
8	应急汇报	平台经理	HSE 小组成员或现场目睹者	随时	口头
9	HSE 修改报告	平台经理	HSE 监督	施工或施工结束	书面
10	HSE 总结	平台经理	HSE 监督	施工结束	书面

2. 文件控制

为了保证相关文件在钻井队 HSE 管理中起有效的作用,应制定文件控制程序或办法,列出本口井项目文件控制和保管人清单。

1) 文件控制范围

(1) 公司下发的体系文件;
(2) 钻井队在用技术文件;
(3) HSE 指导书、计划书;
(4) 钻井设计、单井施工措施等。

2) 文件控制方法

文件控制方法包括:

(1) 公司文件按有关要求进行控制(如受控和非受控);
(2) 技术标准由钻井技术人员按技术标准进行控制;
(3) HSE 指导书、计划书由 HSE 监督进行控制;
(4) 钻井设计、单井施工措施由钻井技术人员进行控制。

3) 文件体系的控制要求

要求体系文件、技术文件、HSE 指导书和计划书必须分类存放,所有文件有关的内容必须被相关人员掌握。对《HSE 作业计划书》的批准、呈报及发放范围应按《HSE 作业计划书批准登记表》格式登记。

八、信息交流

1. HSE 会议

实施 HSE 管理,钻井队应建立 HSE 会议制度,通过会议掌握和了解 HSE 的相关信息。会议包括:钻前 HSE 动员会、班前 HSE 会、HSE 工作分析会、阶段总结及完井总结评估会等。通过 HSE 会议促进各方之间的交流,对全员参与 HSE 管理起推动作用,提出改善 HSE 表现的建议,使其达到持续改进的目的。

[例 36]　××钻井队(平台)HSE 会议规划

会议名称	日期	参加人员	主持人	会议内容	记录人	备注
HSE 工作计划		HSE 现场小组成员	上级代表	施工现场环境调查,编写 HSE 计划		
施工前动员大会		全体员工	平台经理	提出奋斗目标,HSE 管理动员		
班前会		当班员工	司钻	本班作业计划及注意事项		班报表
现场会		部分 HSE 小组成员	HSE 监督	分析原因、找出问题、制定措施		HSE 专报
周会		HSE 小组成员	平台经理	总结一周工作、安排下周计划		周报
月会		HSE 成员及上级代表	平台经理上级代表	队 HSE 例会、总结、评估工作		月报
员工大会		全体员工	平台经理	阶段性工作总结		
施工结束后的总结评估大会		全体员工	平台经理上级代表	完井总结		HSE 总结报告

2. 报告和记录

明确应填写的报告和记录，报告和记录包括：钻井作业报告、井场动火报告、事故报告、隐患报告、百万工时记录、应急演习报告、完井报告等，报告和记录采用钻井班报表、日报表、月报表、值班记录、HSE 简讯等形式。通过报告和记录，及时掌握相关信息，从而有效实施 HSE 管理。

3. 野外通讯

可以表格形式列出井场与营地，与上级钻井公司、甲方、分包施工作业公司以及与外部依托的联络方式、联系人，确保通讯畅通。当发生突发事件时，以便能够及时采取有效措施，控制和降低风险，保证作业的顺利进行。

4. 变更管理

在钻井作业的实施过程中，由于人员、技术、设备设施以及其他方面的改变和因原定计划与措施有缺陷，可能影响钻井队 HSE 作业计划的正常实施，甚至对健康、安全与环境造成新的潜在危险。因此，需要对已钻井作业 HSE 计划书进行变更，以适应因人员、钻井工艺技术及钻井设计以及设备设施变更后的 HSE 管理的要求。

1) 变更程序

若因上述原因需要对 HSE 计划书所定的计划、措施进行修改时，应按以下程序办理：

(1) 钻井施工过程中，对因某种原因发生技术变更、设备设施变更、人员变更后，可能产生对健康、安全与环境的危害风险进行识别和评估。

(2) 根据评估的结果，确定是否需要重新制定或修改原来的 HSE 计划和措施；如果需要重新制定或修改，提出书面申请报告，同时向甲方通报。

(3) 经上级主管部门同意后，制定新的或修改有关的计划与措施。

(4) 将重新制定或修改的计划与措施报送有关部门审查与审核。

(5) 批准签发按新的计划书、新制定的计划措施执行，并保留变更通知单。

2) 变更后的培训

(1) 当因技术原因（如采用了钻井新技术、新工艺），HSE 计划或措施修改后，若需要对员工进行培训，则应制定相应的培训计划。

(2) 若因人员变更（如新工人或人员岗位更换），也应进行培训。

5. 与相关方的交流

明确与相关方交流的方式和要求，首先应明确相关方是谁，如业主、公司、员工及行业或技术主管部门、分承包商及公众等；其次应明确与相关方的交流方式，如电话、电传、email 信函、告示等。如与员工交流可采用班前、班后交接班交流，每天两次向公司汇报生产进度，紧急情况下向有关方的口头汇报等方式。要求班前、班后会及生产进度汇报必须留有记录等。

九、监测和整改

1. 监测检查计划

制定钻井作业现场的 HSE 检查制度，是强化 HSE 管理的重要手段，通过对现场人员、设备及设施进行 HSE 方面的定期常规检查和不定期特例检查，有利于发现事故隐患、存在的问题及 HSE 风险防范、削减措施的落实情况和存在的不足，以便及时提出整改和补救措施，促进现场 HSE 管理的顺利进行。根据钻井作业的特点，整个钻井活动过程中的 HSE 检查可分为三个阶段,即开钻前的检查、钻井过程中的检查和钻井施工结束后的检查。通过定期和不定期(重要大型施工前)对员工,各种设备、设施的安全技术性,运行及维护保养情况;安全防护装置、应急设备的维护保养情况;医疗设备,药品的配备、使用情况;井场、营地环保规定的执行情况;宿舍、餐厅、厨房、厕所、浴室的卫生情况等项目的检查和对环境状况的定期监测,并使监测检查工作形成一种制度,有利于促进现场HSE管理工作和措施的落实。

制定现场HSE监测检查制度与计划内容包括:
(1) 定期常规监测检查时间;
(2) 监测检查项目;
(3) 被检查的岗位;
(4) 不定期特殊检查项目;
(5) 监测检查准则及达标要求;
(6) 不合格整改督促检查;
(7) 检查负责人和职责;
(8) 检查形式和方法;
(9) 监测检查记录表等。

2．整改

针对监测检查以及审核和评审中发现的问题和隐患及不符合项,制定整改措施,将事故消灭在萌芽状态,并防止类似不符合项的再次发生。对进行了整改的项目应进行记录,整改记录表中应包括:隐患及不符合项、整改责任人,整改时限、监督检查人等。

3．事故报告

钻井作业中的事故管理指职工在生产区域内或作业中发生的伤亡、火灾、爆炸、交通、中毒事故和环境破坏及钻井工艺事故的调查、登记、统计、报告和处理。在钻井作业HSE事故管理中,应根据不同的事故类型,按照有关的规定要求,制定出不同的事故报告程序,事故分析的方式和要求。内容包括:事故登记制度、事故报告制度、事故调查程序和事故处理办法等。钻井队HSE管理事故报告表参考样式见例37,钻井队不安全问题及事故隐患报告表参考样式见例38。

4．事故调查

针对事故大小由不同的人员组成事故调查组,找出事故发生的原因,以便从中吸取教训,制定防范措施。人员伤亡调查程序按SY 5855《石油企业职工伤亡事故调查处理程序》进行,其他事故应按有关规定制定调查程序,进行事故调查。事故调查的一般程序包括:
(1) 组成事故调查组;
(2) 明确事故调查内容;
(3) 制定事故调查方法。

十、审核和总结回顾

1．审核

制定出本口井项目的内审计划,以及根据审核计划实施后应完成的内审报告、总结报告的交流方式。

[例37] 钻井队健康、安全与环境管理事故报告表

队号：		井号：		事故时间：		事故级别：	
事故类型：				主要原因：			
事故造成的损失情况（人员伤害、工程或设备损害、环境污染等）：							
事故责任人情况：							
事故简要经过：							
事故应急处理情况：							

平台经理：（签字） 　　　　　　　　　　　　年　月　日

[例 38] 钻井队不安全问题及事故隐患报告表

队号：	井号：	报告人：	报告时间：
钻机编号			
详细说明险情、不安全行为或隐患：			
险情发现日期：		险情发现时间：	
说明你所采取的措施及避免类似情况发生的建议：			

呈送：单位（部门）　　　　　　签字　　　　　　　日期

注：由 HSE 监督填写。

1) 审核的内容

审核的内容包括：

（1）对 HSE 管理体系的审核，如方针、目标、方案、措施的执行情况，管理体系的适用性、充分性、有效性、时效性等。

（2）对重点危害和风险应急反应情况的审核，如应急反应程序执行情况和效果等。

（3）重点危害的控制情况。

（4）法律、法规的符合情况。

（5）员工的 HSE 意识等。

2) 审核的实施时间和频率

根据钻井施工的特点，通常分为钻前、钻井过程中和完井后的审核三个阶段，也可根据实际需要，进行不定期的审核。

3) 审核方式及审核报告

审核方式包括：查、看、听、问、试等，通过审核发现写出审核报告，内容包括管理体系及措施的完备性及不足之处，并提出限期整改意见和措施，并向上汇报审核情况、审核发现和审核结论，向受审核方下发书面审核报告，提出评价和改进建议。

2. 总结回顾及改进

通常，钻井作业完成后，由 HSE 监督写出本口井的 HSE 管理的总结报告，并交现场 HSE 小组成员讨论后上报，由上级 HSE 主管部门进行审核与评审。根据审核和评审的结果，对 HSE 计划书进行总结，并确定本井完井后总结回顾方式（完成日期、负责人、总结报告编写人、HSE 计划书的改进要求），使之不断改进和完善。

按照 HSE 管理规范的审核与评审的要求，总结的主要内容包括但不限于：

（1）在钻井作业中，对 HSE 管理执行情况的定期和不定期检查与评比结果；

（2）钻井作业中有关健康、安全与环境的活动和结果是否符合计划的安排；

（3）钻井作业 HSE 管理规范和制定措施的符合性和有效性分析；

（4）制定的作业风险防范和削减措施的实施效果；

（5）制定的应急计划是否合理，运行是否顺利，实施效果如何；

（6）实施 HSE 管理在各项防范和削减 HSE 风险中的作用；

（7）HSE 管理工作运行的结果是否实现了计划书所制定的健康、安全与环境保护方针和目标；

（8）承诺是否兑现；

（9）不符合项目的原因分析、结论和纠正措施等。

总之，通过总结回顾及改进，使 HSE 管理工作得到持续改进，并逐步完善。

第五节 钻井作业 HSE 检查表的编制

HSE 检查表，又称 HSE 管理监测检查表，它是监测现场 HSE 管理实施效果，评价 HSE 管理体系运行有效性的重要工具，通过检查表对监测检查结果的记录，有利于发现事故隐患，降低作业 HSE 风险，促进 HSE 管理体系的顺利运行。

一、钻井作业 HSE 检查表的编制原则和要求

HSE 检查表是执行 HSE 管理监测检查制度的必要工具,针对不同的检查项目和要求,编制成不同的表格形式,使文字形式的检查制度、检查内容与要求,以及检查结果或结论内容形式表格化,防止漏检,方便检查操作。在编制 HSE 检查表时,应遵循"针对性"、"实用性"和"简明性"的原则,编制规范表格。检查表应根据所检查的目的不同、内容不同、检查的对象不同和使用人的不同,设计不同的检查表格。HSE 检查表通常要求采用封闭表格形式,而不宜采用三线表格形式。

二、钻井作业 HSE 检查表的内容

钻井作业 HSE 检查项目较多,检查项目的类型也各不相同。因此,不同检查表的栏目设置就存在差异,但通常应包括表头和表格两部分。

1. 表头

钻井 HSE 检查表表头的内容通常包括:
(1) 井号;
(2) 队(平台)号;
(3) 检查人、监督人、记录人;
(4) 检查日期;
(5) 编码和顺序号等。

2. 表格内容

钻井作业 HSE 检查表表格内容的设置,应根据不同的检查项目设置不同的栏目,通常包括但不限于以下内容:
(1) 检查项目(包括被检查部位、岗位、设备名称等);
(2) 检查标准或要求;
(3) 检查结果;
(4) 存在的问题整改意见、措施或方案;
(5) 责任人;
(6) 整改日期等。

三、钻井作业 HSE 检查表及检查内容

根据建立的健康、安全与环境管理的监测检查制度和有关 HSE 管理检查项目的要求,制定钻井作业 HSE 检查表,以方便检查操作。钻井 HSE 检查表通常有上级,如钻井公司对钻井队 HSE 管理的检查表和钻井队 HSE 自检表两种,主要包括但不限于以下表格。

1. 钻井队 HSE 管理实施情况检查表

此表主要反映钻井队(平台)实施 HSE 管理的情况,检查表(见例39)主要内容包括:
(1) 钻井队 HSE 管理小组人员配备和职责落实情况;
(2) 井队是否按 HSE 管理运作情况;
(3) 井队有关 HSE 管理的规章制度的制定情况;

(4) 钻井作业 HSE 指导书、计划书的执行情况；
(5) 钻井队 HSE 检查的执行情况、检查表及记录情况；
(6) 有关 HSE 管理的法律、法规、规程、规定等文件资料和资料管理情况；
(7) 对井队员工进行健康、安全与环境保护方面的宣传、教育和培训情况；
(8) 有关的 HSE 规章制度、措施是否上墙，危险部位警示标志或警示牌的配备和管理情况等。

2．开钻前验收检查表

开钻前应对所有的钻前准备工作进行一次 HSE 方面的全面检查，未达到健康、安全与环境保护的要求，不能开钻。内容包括：井场、钻井设备、消防设施、营地、人员安全检查等，见例 40。

3．每周钻机安全检查表

此表为常规钻机、设备的例行安全检查，内容包括设备及部件的工况、安全防护设施、卫生等情况。

4．钻井设备维护检查表（月检查表）

此表主要是为钻井设备维护月检查设置的表格，主要检查内容为：井架和底座、提升系统、传动系统、循环系统以及气控系统，重点检查设备的磨损、变形情况及工况。该表也可作为大型施工（如下套管、固井等作业）前的设备检查用表。此外表格内容应包括设备维护岗位责任人等项目。

5．钻井设备维护检查表（周检查表）

此表主要是为钻井设备维护每周检查设置的表格，主要检查内容为：提升系统、传动系统、循环系统以及气控系统，重点检查各部件的工况。

6．钻井设备维护检查表（班检查表）

此表主要是为钻井设备维护每班检查设置的表格，主要检查内容为：提升系统、传动系统、循环系统以及气控系统，重点检查各部件的工作性能、可靠性能以及每班需要维护设备正常运行所要求的性能。

7．井控装置安全检查表

此表格是专为井控装置安全检查所设置的表格，见例 41。内容包括：防喷器组、防喷管汇、节流压井管汇、远程控制台、司钻控制台等全套井控装置，重点检查安装是否符合要求、是否处于良好的工况以及维护保养情况等。

8．每周营房安全与卫生检查表

营房安全与卫生检查表（例 42）是为每周的例行检查营房、营地安全与卫生情况所设置的表格，内容包括：浴室、厕所、厨房、餐厅、营房的清洁卫生、防火及用电安全等。该表格的设计可有多种形式，如卫生检查结果可给出检查评比的等级等。

9．钻井队（平台）污水治理检查表

此表主要为检查钻井队（平台）的污水排放及治理情况而设置，主要包括现场监测和室内分析两部分。现场监测内容包括：污水类型、污水来源（作业污水或生活污水）、污水量、污水处理方法、回用量以及达标排入量等情况。室内分析应包括按规定要求的监测项目、分析方法、分析结果等项目，见例 43。

10. 钻井队（平台）易燃易爆及有毒危险品安全检查表

本表格检查项目应包括钻井队（平台）易燃易爆及有毒危险品名称、数量、用途、危害类型、存放保管要求和管理人员等。

11. 钻井队（平台）医疗设施配备情况检查表

表格的内容应包括钻井队（平台）的医疗设施状况、医疗器材和药品的配备情况等。该表格也可按规定设置钻井队（平台）应配备的医疗器材和药品数量、规格项，以便对照检查。

12. 钻井队 HSE 管理检查班报表（行政班）

钻井队 HSE 管理检查班报表（行政班）是专为检查行政班各岗位 HSE 管理检查而设的表格，检查的内容包括行政班所有人员岗位职责落实情况及存在的问题。

13. 钻井队 HSE 管理检查班报表（生产班）

钻井队 HSE 管理检查班报表（生产班）是专为检查生产班各岗位 HSE 管理检查而设的表格，检查的内容包括生产班所有人员岗位职责落实情况及存在的问题。

14. 钻井队 HSE 管理检查周报表

钻井队 HSE 管理检查周报表主要是对每周 HSE 管理检查的结果进行小结和统计，项目应包括：设备工况、工程事故及事故隐患、员工健康、安全情况和营地安全与环境情况等。此外，表格内容应包括存在的问题以及整改措施和方案等项。

15. 钻井队 HSE 管理检查月报表

钻井队 HSE 管理检查月报表一般应报送主管上级（如钻井公司），主要是对本月 HSE 管理检查的结果进行小结和统计，内容应包括本月的生产简况、设备工况、工程事故、员工健康、安全情况和营地安全与环境情况、应急措施、培训演习、HSE 管理实施情况以及存在的问题和整改意见等项。

16. 钻井队（平台）HSE 管理完井评估（审核）检查表

此表是为完井后，对钻井队 HSE 管理进行评估检查而设置的表格（例 44），表格的项目应有"检查内容"、"检查结果"、"实施 HSE 管理的效果"与"评审结论"等项目。检查的内容应包括：

(1) 承诺是否实现；
(2) 预定目标是否达到 HSE 计划；
(3) 措施实施是否顺利、HSE 计划是否完成；
(4) 安全预防措施的效率、工程事故预防措施的效果如何；
(5) 环境污染预防措施效果如何；
(6) 应急措施的有效性；
(7) 制定的 HSE 计划、措施是否有误；
(8) 有无重大变更、有无重大安全事故；
(9) 有无重大环境污染事故；
(10) 有无重大人身伤忘事故；
(11) 环境恢复情况；
(12) 所有 HSE 管理资料情况如何；
(13) 实施 HSE 管理存在的主要问题；

(14) 其他等。

四、附件的编制

在钻井作业 HSE 管理以及计划书中，除两书一表外，还可根据需要，编制一些有关 HSE 管理的附件，如"钻井队员工体检情况登记表"、"钻井队 HSE 管理入场登记表"、"钻井队 HSE 管理员工综合成绩评比表"、"钻井队 HSE 管理隐患整改情况统计表"、"钻井队 HSE 管理事故报告表"、"钻井队不安全问题及事故隐患报告表"等实用表格。

[例39] 钻井作业 HSE 管理检查表参考样式 1

钻井队（平台）HSE 管理检查表

井号_____　　　队号_____

检查人_____　　　记录人_____

监督人_____　　　检查日期_____

编码：　　　　　　　　　　　　　　　　　顺序号：

序号	检查内容	检查结果	存在问题	整改日期	责任人
1	HSE 管理小组人员配备情况				
2	HSE 管理小组人员职责落实情况				
3	HSE 管理运作情况				
4	HSE 管理规章制度制定情况				
5	HSE 作业指导书、计划书执行情况				
6	HSE 管理自检执行情况				
7	HSE 管理自检问题及整改和处理情况				
8	应急措施落实情况				
9	是否发生过重大人身伤亡事故、流行病或传染病				
10	是否发生过重大安全事故				
11	是否发生过重大环境污染事故				
12	重大 HSE 事故的影响和处理情况				
13	有关 HSE 管理的法律、法规、规定等文件资料的管理情况				
14	HSE 方面的宣传、教育和培训及应急演习情况				
15	警示标志设立和管理情况				
16	…				

被检查钻井队经理：（签　字）　　　　　　　　　　年　月　日

检查部门人员：（签　字）　　　　　　　　　　　　年　月　日

[例 40] 钻井作业 HSE 管理检查表参考样式 2

钻井队（平台）HSE 管理开钻验收检查表

井号_____ 队号_____

检查人_____ 记录人_____

监督人_____ 检查日期_____

编码：   顺序号：

检查项目	序号	检查标准及要求	检查结果	存在问题	整改日期	责任人
井场	1	井位坐标是否符合设计				
	2	井场位置是否在矿井、公路、铁路涵洞之下				
	3	是否可能受江河淹没、山洪冲袭或在不良地质滑坡地段				
	4	井口距民房 100m 以外				
	5	井场边缘距铁路、高压线及其他永久性设施不小于 50m				
	6	值班房、发电房、库房、化验房、油罐区相距井口不小于 50m				
	7	发电房与油罐区相距不小于 20m				
	8	井场场地平整、干净、无积水油污				
	9	废物堆放整齐，道路畅通、行走方便				
	…					
井架与底座	1	底座无裂缝、开焊，无明显变形，底座与基础接触无悬空				
	2	井架各部位拉筋、附件规格齐全，紧固				
	3	各部位梯子、扶手、栏杆齐全，紧固完好				
	4	各种平台板面齐全、平整、牢固，间隙≤59mm				
	5	二层台、天车台完好无损、栏杆齐全、固定可靠				
	…					
绳索部分	1	上下绷绳规格 $\phi 18\sim 22$mm 钢丝绳				
	2	绷绳安装与地平夹角约 45°，绳坑在井架对角线的延长线上，上下坑分开				
	3	绷绳上端用绳卡，下端用花篮螺丝固定				
	4	内外钳吊用 $\phi 12.7$mm 钢丝绳，两端用 2 只与绳径相符的绳卡卡紧				
	…					

续表

检查项目	序号	检查标准及要求	检查结果	存在问题	整改日期	责任人
传动系统	1	绞车水平度允许误差≤2/1000(滚筒面)				
	2	转盘水平度允许误差≤2/1000(旋转平面)				
	3	绞车刹把曲轴无垫物,无油污				
		…				
循环系统	1	钻井泵前后水平度允许误差(阀箱顶平面)≤3mm				
	2	钻井泵左右水平允许误差(皮带轮)≤2mm				
	3	人行道平整、安全护栏整齐				
	4	钻井仪表固定,有减震和避震装置				
		…				
仪表部分	1	指重表、压力表位置正确,灵敏可靠,压力等级与之匹配				
	2	气控、液控管线排列整齐,标志清晰,固定牢靠				
	3	储油罐流量计计量准确,有过滤装置				
	4	其他仪表灵敏、准确、可靠				
		…				
电器设备	1	发电机接地良好,消声合格,固定牢靠				
	2	配电盘、闸刀接线正规,电缆完好,各表盘指示正常,配电柜前地面铺有绝缘胶垫				
	3	照明及各电缆、电线保护层完好无损				
	4	电线无破损、漏电、裸露现象				
		…				
污水处理装置	1	梯子及栏杆网、盖齐全且牢固				
	2	马达绝缘性能好,接地良好,开关防雨,安装符合要求				
	3	管线连接牢固,不漏,污水池符合要求				
		…				
消防器材配置	1	消防房:100L 泡沫灭火器 2 个,8kg 干粉灭火器 10 个,5kg CO_2 灭火器 2 个,消防斧 2 把,防火锹 6 把,消防桶 6 只,防火砂 $4m^3$,75m 长消防水龙带 1 根,ϕ19mm 直流水枪 2 支				
	2	钻台:100L 泡沫灭火器 2 个				
	3	钻台下:100L 泡沫灭火器 2 个				
	4	固控系统:8kg 干粉灭火器 1 个				
	5	油罐:8kg 干粉灭火器 1 个/罐				
	6	材料房:8kg 干粉灭火器 1 个/房				
	7	值班室:8kg 干粉灭火器 1 个				
	8	录井房:8kg 干粉灭火器 1 个				
		…				

续表

检查项目	序号	检查标准及要求	检查结果	存在问题	整改日期	责任人
营地	1	营房状况良好,卫生、整洁				
	2	有足够的卫生设备				
	3	电器线路符合要求,无乱接电源线路现象				
	4	电器设备工况良好				
	5	浴室清洁卫生				
	6	厨房、餐厅清洁卫生,所有厨房设备工况良好				
	7	备有垃圾桶,并有适当处理措施				
	8	生活污水排入化粪池				
	9	饮用水符合标准				
	10	医务室配备有专职卫生员,有足够的必备药品和器材				
		…				
劳保用品	1	劳保用品配置齐全				
	2	备有足够的防毒面具、氧气呼吸器等防护用品				
		…				

整改措施或方案建议：

检查部门人员:(签字)　　　　　　　　　　　　　　　　　　　年　月　日

[例41] 钻井作业 HSE 管理检查表参考样式 3

井控装置安全检查表

井号＿＿＿＿＿＿＿＿＿＿　　　钻机号＿＿＿＿＿＿＿＿＿＿

检查人＿＿＿＿＿＿＿＿＿　　　检查日期＿＿＿＿＿＿＿＿＿＿

编码：　　　　　　　　　　　　　　　　　　　　　顺序号：

检查项目	序号	检查要点	检查结果	整改日期	岗位责任人	备注
防喷器组	1	手动操作杆的安装与固定				
	2	防喷器是否牢固				
	3	各处连接是否牢固				
	4	防喷器液路部分各处密封是否良好				
	5	防喷器是否处在正确的开关位置				
	6	防喷器的清洁情况				
防喷管汇及放喷管线	7	连接和固定情况				
	8	压力表及截止阀是否齐全、完好				
	9	各闸阀是否处在正确的开关位置				
	10	管汇及管线畅通情况				
节流压井管汇	11	各闸阀是否处在正确的开关位置				
	12	各连接处是否牢固				
	13	节流、压井管汇的畅通情况				
	14	节流管汇坑的排水情况				
钻井液气体分离器	15	仪表是否齐全完好				
	16	阀手动和气手动开关动作情况				
	17	安全阀能否手动开启和复位				
	18	分离器钻井液排出管是否与钻井液循环罐固定牢固				
	19	设备清洁情况				
远程控制台及液、气压管线	20	蓄能器、管汇、环形压力是否符合规定				
	21	电、气源是否畅通,电气管线走向是否安全				
	22	各气压管路连接是否牢固,密封是否良好				
	23	电泵、气泵工作是否正常,电泵曲轴箱内的润滑油量是否在标尺之内				
	24	油箱内是否有足够的液压油				

续表

检查项目	序号	检查要点	检查结果	整改日期	岗位责任人	备注
远程控制台及液、气压管线	25	油雾器内的润滑油量,是否排除分水滤气器内的积水				
	26	全封闸板换向阀是否已被限位				
	27	环形调压阀空气选择开关手柄是否对准司钻控制台				
	28	管排架及所有液压管线连接是否牢固,密封良好				
	29	气管缆是否沿排架边的专用位置排放或空中架设,并未被其他物件所压				
	30	远程控制台周围有无易燃、易爆、腐蚀性等物品,并有方便操作、维护的行人通道				
	31	远程控制台是否清洁				
司钻控制台	32	气源是否畅通				
	33	蓄能器管汇、环二次仪表压力显示是否符合规定,压力值与远程控制台的实际压力是否一致				
	34	各处连接是否牢固、密封良好				
	35	开、关位置与实际位置是否一致				
	36	油雾器内的润滑油量,是否排除分水滤气器内的积水				
	37	防喷器和钻机气路联动安全装置动作是否准确				
	38	各阀件手柄未挂任何物品				
	39	司钻控制台是否清洁				
节流管汇控制台	40	气源是否畅通				
	41	气泵、手压泵工作是否正常				
	42	油箱内有无足够的液压油				
	43	各油、气路连接是否牢固、密封良好				
	44	换向阀是否灵活,复位好				
	45	节流阀阀位开度表反映的节流开关位置是否正确				
	46	泵冲计数器、传感器及电缆安装是否齐全,工作是否正常				
	47	是否排除分水滤气器内的积水				
	48	节流管汇控制台的清洁情况				

[例42] 钻井作业HSE管理检查表参考样式4

每周营房安全与卫生检查表

井号_____   队号_____

卫生员_____   安全检查员_____

炊事班长_____   营房管理员_____

平台经理_____   检查日期_____

编码：   顺序号：

检查项目	序号	检查内容及要求	检查结果	存在问题	整改日期	备注
浴室和厕所	1	马桶干净、冲洗正常				
	2	每日使用消毒剂消毒				
	3	电插座及照明情况				
	4	地板、墙壁、屋顶是否清洁				
	5	污水管线向外延伸30m				
	6	洗涤槽、水龙头排水正常，清洁				
	7	厕所清洁无臭味				
	…					
储藏室	1	所有易坏食物都在保质期内				
	2	地板、墙壁、屋顶清洁				
	3	食品装在合适的容器中，有盖子盖上				
	4	食品架干净、数量充足				
	5	烟雾报警器经测试能正常报警				
	…					
厨房餐厅	1	厨房工作人员有有效健康证				
	2	个人卫生合格				
	3	服务人员穿工作服，戴工作帽				
	4	工作服干净，每日一换				
	5	厨房清洁卫生				
	6	有排风扇且干净				
	7	冰柜工况良好，鱼、肉、家禽分开储存				
	8	锅、盘、烹饪器具干净，用具经过消毒				
	9	水池干净，定时清洗				
	10	有CO_2灭火器				
	11	饭菜质量好，花色品种多				
	12	餐厅地板、墙壁、屋顶干净				
	13	杯、盘、餐具干净且经过消毒				
	…					

续表

检查项目	序号	检查内容及要求	检查结果	存在问题	整改日期	备注
医务室	1	药品充足				
	2	医疗及救护器材状况良好				
	3	医务室干净卫生、通风				
		…				
营房营地	1	营房状况良好,卫生、整洁				
	2	有足够的卫生设备				
	3	电器线路符合要求,无乱接电源线路现象				
	4	电器设备工况良好				
	5	备有垃圾桶,并有适当处理措施				
	6	生活污水排入化粪池				
	7	床上用品整洁				
	8	环境卫生				
	9	无蚊、蝇、老鼠				
	10	有消防器材、有烟灰报警器且能正常报警				
	11	通风、照明				
		…				
饮用水	1	经过处理				
	2	水质符合饮用水标准				
	3	是否每周进行一次水质测试				
		…				
其他		…				

检查结果总体评价:

签名:　　　　　　　　　　　　　　　　　　　　　　　　年　月　日

[例43] 钻井作业 HSE 管理检查表参考样式 5

钻井队(平台)污水治理监测表

井号_____   队号_____

检查部门_____   检查人_____

检查日期_____   取样位置_____

编码：   顺序号：

现场观测	污水类型	污水来源	污水处理方法	污水排入点	污水影响程度及范围
	污水量 m^3/d	污水处理量 m^3/d	污水处理回用量 %	污水达标外排量 m^3/d	污水未达标外排量 m^3/d
	色 度	臭和味	肉眼可见物	水 温	相对密度
室内分析	分析项目	分析方法	分析结果	分析日期	分析人
	pH				
	石油类 mg/L				
	悬浮物 mg/L				
	氯化物 mg/L				
	硫化物 mg/L				
	COD mg/L				
	挥发酚 mg/L				
	六价铬 mg/L				
	砷 mg/L				
	氰化物 mg/L				
	汞 mg/L				
	镉 mg/L				
	铅 mg/L				
	…				

检测结果：

负责人:(签字)   年 月 日

[例44] 钻井作业HSE管理检查表参考样式6

钻井队(平台)HSE管理完井评估检查表

井号_____   队号_____

检查部门_____   检查人_____

平台经理_____   检查日期_____

编码：   顺序号：

序号	检查内容	检查结果	效果与影响			评价
			社会	经济	环境	
1	承诺是否实现					
2	预定目标是否达到					
3	HSE计划、措施实施是否顺利					
4	HSE计划是否完成					
5	安全预防措施效率如何					
6	工程事故预防措施的效果如何					
7	环境污染预防措施效果如何					
8	应急措施的有效性					
9	制定的HSE计划、措施是否有误					
10	有无重大变更					
11	有无重大安全事故					
12	有无重大环境污染事故					
13	有无重大人身伤亡事故					
14	环境恢复情况					
15	所有HSE管理资料情况如何					
16	实施HSE管理存在的主要问题					
	…					

检查评估结论：

部门负责人:(签字)   年 月 日

审核意见：

钻井公司审核人:(签字)   年 月 日

参 考 文 献

[1] 董国永，赵朝成主编．健康、安全与环境管理体系培训教程．北京：石油工业出版社，2000
[2] 杜君主编．石油天然气钻井健康、安全与环境管理．北京：石油工业出版社，1998
[3] 刘子春等编．钻井工程事故预防与处理．北京：中国石化出版社，2000
[4] SY/T 6267—1997 石油天然气工业健康、安全与环境管理体系
[5] SY/T 6283—1997 石油天然气钻井健康、安全与环境管理体系指南